Ihr Hobby

Kleine Schlangen erfolgreich pflegen

Werner Preißer

Lampropeltis getula californica – Lavender albino

E-Mail: info@bede-verlag.de; Internet: www.bede-verlag.de
Konzept der Reihe „Ihr Hobby...“, Herstellung / Gestaltung: bede-Verlag

Bildnachweis: Alle Fotos Werner Preißer, außer wenn anders aufgeführt.

ISBN: 978-3-89860-164-1
bede-Bestellnummer: HO 436

Inhaltsverzeichnis

Faszination Schlange

Offenbar sind auch Sie von der Faszination Schlange befallen. Riesen-, und Giftschlangen begeistern die Menschheit seit jeher. Will man diese „Giganten" und „Giftspritzer" in einem Terrarium pflegen, stößt man meist auf mehrere Probleme, wie die Größe des Terrariums, die Beschaffung und Lagerung von Antiseren, die Serenverträglichkeit oder die Bereitstellung von geeigneten Futtertieren. Für eine Pflege in einem „Wohnzimmerterrarium" hingegen sind Schlangenarten, die adult bis zu 1,5 m groß werden wesentlich besser geeignet. Besonders Nattern, aber auch kleinwüchsige Boas und Pythons gehören zu den am häufigsten in der Terraristik anzutreffenden Schlangen. Kornnatter, Königsnatter, Strumpfbandnatter, Baumpython, Sandboa und Compagnie erreichen eine gut vertretbare Endgröße und stellen daher keine Gefahr für Leib und Leben dar. Von vielen Arten gibt es inzwischen sehr ansprechende Farbformen, wenngleich diese natürlich immer auch Geschmackssache sind.

Ein schön gestaltetes Terrarium in einem Wohnraum ist immer ein Blickfang, ähnlich einem Aquarium, und wird das Interesse vieler Menschen wecken. Als Ausschnitt eines natürlichen Lebensraumes lässt es sich mit Steinen, Ästen und Pflanzen sehr dekorativ gestalten. So ein Stück Natur im eigenen Heim dient als Ruheoase und zur Entspannung nach einem stressigen Tag. Schlangen sind aber keine Kuscheltiere wie Meerschweinchen oder Hamster und benötigen zu ihrem Wohlbefinden Ruhe und ausreichend Versteckmöglichkeiten. Besonders gut eignen sie sich daher für berufstätige

Zwischenzeitlich aus der Terraristik nicht mehr wegzudenken. *Python regius*, ein klein bleibender afrikanischer Python. Da diese Tiere sehr umgänglich sind und eine Vielzahl von Farbformen erhältlich ist, steigt deren Popularität ständig.

Die erste farbliche Sensation in der Terraristik waren die amelanistischen Kornnattern.

Menschen, die nur wenig Zeit für ihr Hobby haben. Dämmerungs- und nachtaktive Schlangen sind vor allem dann unterwegs, wenn nach einem langen Arbeitstag Zeit zum Beobachten zur Verfügung steht. Aber auch Allergiker finden in einer Schlange das ideale Haustier, da diese nachweislich keine Allergien bei den Menschen auslöst.

Eine Natter, die sich auf Steinen oder Ästen sonnt oder eine Sandboa, die gerade ihren Kopf aus dem warmen Sand herausstreckt im künstlichen Lebensraum Terrarium zu erblicken, ist schon sehr interessant und man wird jeden Tag aufs Neue von den unterschiedlichsten Verhaltensweisen dieser Tiere begeistert sein. Anfangs kann man es gar nicht erwarten bis man das erste Mal seine Schlange füttern kann und sieht wie sie ein Beutetier verschlingt, das größer als ihr eigener Kopf ist.

Wer sich zur Pflege einer Schlange entscheidet, muss sich auch der übernommenen Verantwortung bewusst sein, da diese wechselwarmen Tiere nur durch unsere fachkundige Pflege überleben können. Das Tierschutzgesetz sagt: Es ist verboten einem Tier ohne vernünftigen Grund Schmerzen oder Leiden zuzufügen. Hierzu zählt auch die Verwahrlosung oder Vernachlässigung von Tieren. Zuwiderhandlungen können mit einer Freiheitsstrafe von bis zu zwei Jahren geahndet werden.

Bei guter Pflege erreichen Schlangen ein respektables Alter und ist man im Besitz von mindestens einem Pärchen einer Art, so kann man mit etwas Glück sogar mit Nachwuchs rechnen. Dieses Buch soll als Ratgeber zur Terrarienausstattung und artgerechten Pflege von kleinwüchsigen Schlangen dienen.

Mythen und Legenden

Was ist es, was uns an Schlangen so fasziniert? Ist es ihre versteckte Lebensweise, ihre Größe oder Giftigkeit? Ihre Ernährungs- und Lebensgewohnheiten? Das Kriechen auf dem Bauche ohne Beine? Oder einfach das fremd wirkende Aussehen? Vielleicht aber auch die vielen Geschichten und Mythen?

Bereits in der Bibel gibt es viele Geschichten über Schlangen, wie beispielsweise in der Apostelgeschichte, wo Paulus von einer Viper gebissen wurde als er einen Reisighaufen nach einem Schiffsunglück in Brand stecken wollte. Als er dies überlebte ohne Schaden zu nehmen wurde er als Gott betrachtet. Oder aus Numerus, wo Moses eine kupferne Schlange auf einen Spieß steckte und jeder, der von einer Giftschlange gebissen wurde und zu dem Bildnis aufsah dies überlebte. Als böse und listig trat die Schlange schon im Alten Testament auf, als sie Adam und Eva verführte. Daraufhin wurde sie ja verflucht und zum Kriechen auf ihrem Bauche verurteilt, was sie ja sowieso schon seit einigen Millionen Jahren tat.

Die Schlangensymbolik in der Bibel ist aber keineswegs einmalig, vielmehr sind in unterschiedlichen völlig voneinander unabhängigen Kulturen die Bedeutung und die Symbolik der Schlange nachgewiesen. Bei vielen Völkern gilt auch heute noch die Schlange als Ausgeburt des Bösen und wird verfolgt und getötet. Wieder andere verehren sie als Gottheit und stellen Medikamente aus Schlangen und deren Innereien her. Wegen ihrer regelmäßigen Häutung und in Verbindung mit dem antiken Heilsgott As-

Augrund seiner Größe und teilweise auch seiner Aggressivität ist der Blutpython (*Python curtus*) nur bedingt als Terrarientier geeignet. Dessen Pflege sollte man erfahrenen Riesenschlangenpflegern überlassen.

Obwohl auch die Gartenboa, *Corallus enydris cooki*, nur eine Größe von rund 1,5 m erreicht wird sie aufgrund ihrer gesteigerten Aggressivität nicht häufig in Terrarien gepflegt.

klepios gilt die Schlange vielerorts als Sinnbild der Verjüngung. So nahm sie als Symbol der Heilkunst im Äskulapstab ihren Weg über die Römer bis hin zu unserer Zeit. Auch heute noch ist die Schlange das Zeichen der Mediziner, wie am Äskulapstab der Ärzte und Apotheker zu erkennen ist.

In vielen Ländern sind alte Bräuche, die in Verbindung mit den Schlangen stehen, noch in der heutigen Zeit zu finden. So tanzen die Ureinwohner der Salomonen mit Masken und Figuren von Vögeln, Fröschen und Reptilien. In Süditalien findet jedes Jahr ein Umzug statt, wo sich mutige Männer und Frauen Schlangen um den Hals hängen und so durch die Straßen der Dörfer ziehen. Selbst die Heiligenstatue des Abtes St. Dominikus, zu dessen Ehre dieses Fest Anfang Mai stattfindet, wird mit diesen Tieren behängt und durch die Straßen getragen. Bei diesen Tieren handelt es sich meist um Vierstreifen- und Äskulapnattern, die vorher gefangen wurden und im Anschluss wieder in die Freiheit entlassen werden.

Als unbekanntes und fremdes Geschöpf, von dem „immer" eine Gefahr ausgehen kann, wird die Schlange leider auch noch in der heutigen Zeit verfolgt und ausgerottet. Dies könnte an ihrer versteckten Lebensweise, an den fest verwurzelten Vorurteilen oder an der mangelnden Aufklärung der Bevölkerung liegen. Nicht einmal in Ländern wie Deutschland, wo ja wahrlich keine ernstzunehmende Bedrohung für den Menschen von ihnen ausgeht, können diese Vorurteile aus dem Weg geschafft werden.

Die Schlangen, wie dieser *Pantherophis guttatus* sehen wahrlich nicht mehr Furcht erregend aus.

Abstammung

Schlangen gehören zur Klasse der Reptilien. Die Spur dieser lässt sich bis ins Paläozoikum (vor rund 340 Millionen Jahren) zurückverfolgen. Anders als die Dinosaurier starben die Reptilien im Mesozoikum (vor rund 251 Millionen Jahren bis hin zu 65 Millionen Jahren) nicht aus. Die Urschlangen hatten noch ein ganz anderes Aussehen als es uns von den heutigen Schlangen bekannt ist. So wurden sehr viele Arten sehr groß, bis zu 30 Metern und mehr. Einige hatten vermutlich einen Schuppenkamm auf dem Rücken, ähnlich wie wir es von Dinosaurier, Drachen und Leguanen kennen. Die Spur der Schlangen, die Ähnlichkeit mit den uns bekannten Arten haben, lässt sich bis in die untere Kreidezeit (100 Millionen Jahre) zurückverfolgen.

Auch die *Boa constrictor* gehört zu den Schlangen, die noch Reste der Beckenknochen als Aftersporne aufweisen.

Die Evolutionsgeschichte gibt uns aber noch immer Fragen auf, da von den fossilen Schlangenskeletten meist nicht viel erhalten geblieben ist. Deshalb ist es sehr schwierig die genaue Abstammung der Tiere festzustellen. Letzten wissenschaftlichen Meldungen aus dem Jahre 2007 zufolge sollen sie nicht von im Wasser lebenden Echsen abstammen, wie einst vermutet wurde, sondern sich aus Land bewohnenden Echsen entwickelt haben. Funde von Fossilien, die 65 Millionen Jahre alt sind, weisen noch Reste von Hinterbeinen auf, die zum Graben und Laufen benutzt wurden. Auf das einstmalige Vorhandensein von Beinen deuten auch heute noch die rudimentären Gliedmaßen (Restknochen im Beckenskelett) einiger Riesenschlangen hin.

Im Laufe der jahrmillionenlangen Entwicklung haben sie dann, in Anpassung an die unterschiedlichsten Lebensräume ihre Beine nicht mehr benötigt und diese so Schritt für Schritt zurückgebildet.

Nicht zuletzt stellt auch die Tatsache, dass die Wissenschaft die Schlangen und Echsen jeweils lediglich als Unterordnung der Schuppenkriechtiere führt, deren Verwandtschaftsverhältnis dar.

Hausschlangen eignen sich aufgrund ihrer Größe sehr gut für eine Pflege in Terrarien. In der Systematik werden sie unter Nattern geführt, in der Gattung *Lamprophis*.

Systematik

Unter der Systematik versteht man die Wissenschaft, Beziehungen zwischen den verschiedenen Organismen so darzustellen, dass Verwandtschaftsverhältnisse erkennbar werden. So werden sie aufgrund von äußerer Form, Beschuppung, Lebensweise und noch vieler weiterer Merkmale in Klassen, Unterklassen, Ordnungen, Unterordnungen, Überfamilien, Familien, Unterfamilien, Gattungen, Arten und Unterarten eingeteilt.

Schlangen gehören wie Schildkröten, Echsen und Krokodile auch zur Klasse der Reptilien. Sie werden in 3 Überfamilien, 18 Familien, 455 Gattungen und derzeit 2924 Arten (Quelle: Wikipedia) eingeteilt. Die Schlangensystematik unterliegt einer ständigen Änderung, da immer neue Arten entdeckt werden und die Wissenschaftler (bei den Reptilien und Amphibien heißen diese Herpetologen) aufgrund neuer Erkenntnisse einige Arten dann in andere verwandtschaftliche Beziehungen stellen. Bei einigen Arten besteht immer noch Unklarheit zu welcher

Obwohl die Sandboas, *Eryx colubrinus*, selten größer als 80 cm werden, gehören sie zur Familie der Riesenschlangen. Foto: TFH-Archiv

Überfamilie oder Familie diese zu rechnen sind. Erst vor einigen Jahren wurde die für uns interessante Gattung der *Elaphe* komplett überarbeitet. So heißt jetzt die Kornnatter *Pantherophis guttatus*, die früher als *Elaphe guttata* allen bekannt war. Ebenso verhielt es sich bei den Sandboas und vielen anderen Arten. Mit Sicherheit wird eine erneute Überarbeitung der bestehenden Systematik nicht allzu lange auf sich warten lassen, da selbst in der derzeitigen Systematik immer noch Unklarheiten bestehen.

Namensentstehung

Die uns bekannten Namen resultieren aus dem Gattungsnamen wie *Pantherophis* und dem Artnamen wie *guttatus*. Also heißt die Kornnatter dann *Pantherophis guttatus*.

Auf einen männlichen Gattungsnamen folgt auch immer eine männliche Artbezeichnung.

Systematik:

Klasse :	*Reptilia* (Reptilien)
Unterklasse:	*Lepidosauria* (Schuppen kriechtiere)
Ordnung :	*Squamata* (eigentliche Schuppenkriechtiere)
Unterordnung:	*Serpentes* (Schlangen)
Überfamilie:	*Colubroidea, Caenophidia, Boidea*
Familie:	*Colubridae, Boidae*
Unterfamilie:	Sandboas (*Erycinae*), Pythons (*Pythoninae*), Wassernattern (*Natricinae*), Nattern (*Colubrinae*)

Lebensräume und Lebensweise

Schlangen haben sich im Laufe ihrer langen Entwicklung an die verschiedensten Biotope wie Wüsten, Halbwüsten, Trockengebiete, Feuchtgebiete und Regenwälder angepasst. Um in den unterschiedlichen Lebensräumen überleben zu können, haben sie sich auf das Leben an Land, im Wasser und auch auf Bäumen spezialisiert. Ein Blick auf das Verbreitungsgebiet der Schlangen macht uns deutlich, wie gut diese alle freien ökologischen Nischen erobert haben. Schlangen

Schlangen bewohnen nicht nur Urwälder, sondern sind sogar noch in Halbwüsten und Wüsten zu finden. Fotos: bede-Archiv

bewohnen, von der Antarktis abgesehen, die ganze Welt, vom 67. Breitengrad Nord bis zum 50. Breitengrad Süd. Selbst im Süß- und Salzwasser leben verschiedene Arten und tauchen bis zu einer Tiefe von 100 Metern. Einige Arten sind sogar noch in Höhenlagen von mehren tausend Metern (in Nepal bis zu einer Höhenlage von 4900 m) anzutreffen. In Anpassung an ihre kriechende Fortbewegung leben sie meist versteckt unter flachen Rinden- und Steinstücken oder hängen in großer Höhe in den Ästen von Bäumen. Die Wasserbewohner unter ihnen sind in der Lage lange zu tauchen und können sich so gut im Wasserpflanzendickicht und am Gewässerboden verstecken, wo sie ihren Beutetieren auflauern.

Schlangen treten umso häufiger in einem Landstrich auf, je abwechslungsreicher sich dieser gestaltet. Nur selten ist in einer Gegend gar keine Schlangenart anzutreffen, wie beispielsweise auf Irland, Hawaii und noch einigen weiteren Inseln. Da Schlangen sehr ortstreu sind, durchstreifen sie im Allgemeinen nur einen kleinen Landstrich und verbleiben oft lebenslang an einem einmal gewählten Ort. Meist leben sie in kaum vom Menschen besiedelten Gebieten. Einige, vor allem die nachtaktiven Arten, dringen aber auch bis in die Vororte von Städten vor. In vielen Ländern sind manche Schlangenarten, wie beispielsweise die Kornnatter, gern gesehene Gäste auf Farmen, da sie dort die Zahl der Mäuse und Ratten kurz halten.

Obwohl Strumpfbandnattern gerne baden und lange tauchen können, benötigen sie zu ihren Wohlbefinden auch einen großen Landteil.

Ein Grüner Baumpython, *Morelia viridis*, ruht auf einem Ast im Terrarium.

Die Rosenboa, *Lichanura trivirgata*, wird sowohl in flachen Gegenden als auch in Höhenlagen von über 1000 m angetroffen. Obwohl sie häufig in der Nähe von Gewässern zu beobachten ist, werden auch wüstenartige Landstriche bewohnt. Foto: TFH-Archiv

Die größte Arten- und Formenvielfalt findet sich in den Tropen. Dort herrscht ein ideales Klima und Nahrung ist das ganze Jahr über in ausreichender Menge zu finden. Durch den meist dichten Bewuchs stehen Versteckplätze jederzeit zur Verfügung. Aus diesen Verbreitungsgebieten kommen auch die größten Vertreter der Schlangen. Eine relativ hohe gleich bleibende Luftfeuchtigkeit, tropische Temperatur und optimale Lichtverhältnisse kennzeichnen diesen Lebensraum.

Auf das Leben in Wüsten und Trockengebieten haben sind nur einige wenige Arten spezialisiert. Um der sengenden Hitze auszuweichen können sie sich in den Sand eingraben oder sich sehr schnell über diesen hinweg bewegen. Die ansonsten sehr trockenen Wüsten können bei Regengüssen schnell zu einer grünen Oase werden, dann steigen auch die Werte für die Luftfeuchtigkeit rasch an. Während der frühen Morgenstunden ist auch bei trockener Wetterlage in den Wüsten und Halbwüsten Feuchtigkeit in Form von Tau zu finden. Dies stellt meist die einzige Möglichkeit für die Tiere dar Flüssigkeit aufzunehmen. Nahrung und Versteckmöglichkeiten sind nur schwer zu finden. Aus diesem Grund fällt auch die Artenfülle in diesen Gegenden eher spärlich aus.

Die gemäßigten Klimazonen werden vorwiegend von kleineren Arten bewohnt. Kennzeichnend für diese Gebiete ist die erhöhte Luftfeuchtigkeit und Temperatur in den Sommermonaten und Trockenheit bis Frost und Schnee im Winter. Schlangenarten aus diesem Klimagebiet müssen, aufgrund der fehlenden Wärme und des mangelnden Nahrungsangebotes, während der Wintermonaten eine Winterruhe halten.

Dadurch, dass die Schlangen unterschiedliche Lebensräume bewohnen, differieren auch die Aktivitätszeiten der einzelnen Arten. Viele Arten werden erst in der Dämmerung oder in der Nacht aktiv. Nun gehen sie auf Beutefang. Jetzt in den Abendstunden sind sie von Fressfeinden schlecht zu orten und viele Nagetiere wie Mäuse und Ratten kommen aus ihren Verstecken um selbst nach Nahrung zu suchen. Die tagaktiven Jäger unter ihnen sind hingegen während des ganzen Tages auf Beutefang. Nur in den Mittagsstunden, wenn es zu warm wird, ziehen sie sich in ein Versteck zurück um dann am späten Nachmittag wieder aktiv zu werden.

Schlangen aus den gemäßigten Gebieten erreichen selten Körpergrößen von über 1,5 m. Eine bei uns heimische Schlange, die Ringelnatter. Foto: Dr. D. Schmidt

Besonders Kinder sind von Schlangen begeistert. Bereits nach kurzer Zeit lernen sie selbst verantwortungsbewusst mit diesen Tieren umzugehen. Die Verantwortung und die eigentliche Pflege darf aber nicht allein den Kindern überlassen werden.

Üblicherweise liegen Schlangen, wie diese hypomelanistische *Lampropeltis getula floridana* zusammengerollt auf einem bevorzugten Platz.

Körperbau

Schlangen sind wechselwarme Tiere. Das heißt, dass ihre Körperfunktionen in starkem Maße von den Umgebungstemperaturen abhängig sind. Da sie ihre Körpertemperatur nur geringfügig selbst regeln können, suchen sie in der Natur Orte auf, die ihnen die gewünschten Vorzugstemperaturen bieten. Oftmals lassen sich so am frühen Morgen einige Tiere beim Sonnenbaden beobachten, bevor sie sich in der Mittagssonne in einen schattigen Unterschlupf oder in den Schatten von Sträuchern und Bäumen zurückziehen.

Zur Wärmeaufrechterhaltung des Körpers müssen Schlangen keine eigene Energie aufwenden. Aus diesem Grund benötigen sie auch nur einen wesentlich geringeren Teil an Nahrung als gleichschwere Säugetiere. Um die Lebensgewohnheiten einer Schlange zu verstehen, und so ein artgerechtes Terrarium einrichten zu können, muss man wissen wie der Körper aufgebaut ist und welche Sinnesorgane für die Schlange von Wichtigkeit sind.

Form und Funktion

Wie einem jedem bekannt sein müsste, ist der Körper bei diesen Tieren lang gestreckt, und sie bewegen sich kriechend fort. Das Skelett der Schlangen besteht aus Wirbeln, Rippen und einem Schädel. Bei einigen Arten sind noch Reste der Beckenknochen (rudimentäre Gliedmaßen) vorhanden. Keine heute bekannte Schlangenart verfügt aber über Extremitäten, die der Fortbewegung dienen. Kiefer- und Gaumenknochen sind

durch Bänder verbunden und daher stark dehn- und verschiebbar. So ist es den Schlangen möglich Beutetiere zu fressen, die größer als ihr eigener Kopf sind.
Es werden drei Körperabschnitte unterschieden: Kopf, Rumpf und Schwanz. Je nach Art ist der Kopf mehr oder weniger stark vom Körper abgesetzt. Gerade bei den Vogel fressenden Arten sind die Kieferknochen sehr breit um die gefiederte Beute festhalten zu können. So setzt sich der Kopf bei diesen Schlangen deutlich vom Körper ab. Wühlende Schlangenarten ähneln in ihrem Aussehen eher einem Wurm und es lassen sich keine einzelnen Körperpartien erkennen. Boden bewohnende Schlangenarten sind meist von kräftiger Statur, wenn sie sich von Nagetieren ernähren. Die Fisch- und Insektenfresser hingegen sind schlanke, wendige Jäger.

Trotz des fremd wirkenden Aussehens verfügen Schlangen über ähnliche lebenserhaltende Organe wie Säugetiere. Herz, Lunge, Leber und Nieren sind auch für sie überlebensnotwendig. Die inneren Organe sind der Form der Tiere entsprechend lang gestreckt und unter den Rippen angeordnet. Paarige Organe sind teilweise zurückgebildet oder nur einmal vorhanden.

Das milchige aussehen dieser Schlange weist auf eine bevorstehende Häutung hin.

Stimmen Luftfeuchtigkeit und Temperatur, so sollten sich auch ihre Schlangen in einem Stück häuten, wie diese Kornnatter.

Die Haut

Die äußere Hautschicht hat sich im Laufe der Entwicklung stark verhornt. Drüsenarm und fest schützt sie die Schlange so vor Austrocknung und mechanischer Beschädigung. Da sie nicht in der Lage ist mitzuwachsen, so wie wir es bei anderen Wirbeltieren kennen, muss sich die Schlange von Zeit zu Zeit häuten. Ungefähr 14 Tage vor der anstehenden Häutung sammelt sich eine Flüssigkeit zwischen den beiden äußeren Hautschichten, welche ein Reifen der nächsten Oberhaut ermöglicht. Da auch die Brille, das ist die Oberhaut, welche die Augen abdeckt, mitgehäutet wird, kann man eine bevorstehende Häutung leicht an der milchigen Trübung der Augen erkennen. Etwa zwei Tage vor der Häutung wird die Häutungsflüssigkeit vom Körper resorbiert und die Schlange kann sich ihrer alten Haut entledigen. Bei gesunden und vitalen Tieren geschieht dies meist in einem Stück und das Natternhemd, so wird die alte Haut auch genannt, ist unversehrt aufzufinden. In den ersten Lebensmonaten bis hin zu einem Jahr häuten sich Jungschlangen in einem sehr kurzen Abstand von nur wenigen Wochen. Je älter eine Schlange wird, umso länger werden auch die Intervalle zwischen den einzelnen Häutungen.

Das Schuppenkleid der Schlangen variiert sehr stark und es ist eine große Farb- und Zeichnungsfülle vorhanden. Einige Tiere haben sich so farblich optimal an die Umwelt angepasst, andere verwenden Warnfarben um Fressfeinde abzuschrecken. Selbst bei Tieren der gleichen Art können die Farben und Zeichnungen erheblich differieren. Trotz dieses Unterschiedes bleiben die wichtigsten Erkennungsmerkmale immer gleich. Bei Kornnattern ist beispielsweise eine Lanzen- oder Speerspitze am Kopf zu erkennen. Erst kürzlich (im Jahre 2006) wurde eine Schlange entdeckt, die sogar ihre Farbe verändern kann, ähnlich einem Chamäleon.

Alter und Wachstum

In den ersten Lebensjahren, bis zum Erreichen der Geschlechtsreife, geht das Wachstum schneller von statten. Junge Schlangen verwerten das aufgenommene Futter schneller und effektiver als adulte Tiere. Bei einigen Arten können so die Jungschlangen bereits nach einem Jahr doppelt so groß sein wie bei der Geburt. Dies soll aber keinesfalls bedeuten, dass man seine Schlangen mästen soll. In Terrarien geht das Wachstum ohnehin schon viel schneller vonstatten als in der Natur, da hier regelmäßig und reichlich Nahrung angeboten wird.

Mit Erreichen der Geschlechtsreife im Alter von zwei bis vier Jahren scheint das Wachstum fast zu stagnieren. Dem ist aber nicht so, da Schlangen, wie alle Reptilien, ihr Leben lang wachsen. Demzufolge kann man davon ausgehen, dass besonders große Exemplare einer Art sehr alt sind. Kleinere und aktive Schlangenarten, wie die Wassernattern, erreichen gewöhnlich ein Alter um die 8 bis 10 Jahre. Größere Arten, die über weniger Bewegungsdrang verfügen, können bis zu 20 Jahre und älter werden. Ein Aspekt, der auf alle Fälle in die Anschaffungsüberlegung integriert werden sollte.

Mit einer regelmäßigen Nahrungsaufnahme ist auch ein Wachstum verbunden. Im Gegensatz zu Säugetieren wachsen Schlangen ihr Leben lang.

Sinnesorgane

Sehsinn

Der Sehsinn der Schlangen ist auf unterschiedlichste Art und Weise geprägt. Unterirdisch lebende oder wühlende Schlangen sehen auf Grund ihrer Lebensweise nur sehr schlecht. Sie lassen sich gut an den sehr kleinen Augen erkennen. Aktive Jäger, die schon mal ein Beutetier verfolgen, sind in der Lage Umrisse und Bewegungen des Beutetieres gut wahrzunehmen. Lauerjäger hingegen reagieren auf Bewegungen in ihrer Umgebung und können in Zusammenhang mit ihren anderen Sinnesorganen das Beutetier orten.

Die Form der Pupille gibt uns weiterhin Aufschluss über die Aktivitätszeiten der Tiere. Schlangen mit einer senkrechten Pupille, ähnlich einer Katze, gehen demnach überwiegend nachts auf Beutejagd. Große runde Pupillen weisen auf ein gutes Sehvermögen hin, wie es die tagaktiven Jäger benötigen.

Gehör

Vielen ist mit Sicherheit der Flöte spielende Marokkaner vor einer Kobra bekannt, die sich mit den Flötentönen hin und her wiegt. Keine Schlange verfügt über ein äußeres Gehörorgan oder Trommelfell, es sind aber noch Relikte der inneren Ohrstruktur vorhanden, mit welcher Schwingungen zum Gehirn übertragen werden. Um dies zu ermöglichen, muss der Unterkiefer Kontakt mit dem Boden haben. Die Schwingungen werden dann über den Kieferknochen bis hin zu den Resten des Innenohres gebracht. Selbst kleinste Erschütterungen, wie das Springen einer Maus oder Ratte können so registriert werden. Die Kobra bewegt sich also nur um die sich bewegende Flöte zu fixieren und nicht, weil sie so musikalisch ist.

Die senkrecht stehende Pupille lässt auf ein dämmerungs- oder nachtaktives Tier schließen.

Nur, wenn der Kopf am Boden liegt sind Schlangen in der Lage, Erschütterungen wahrzunehmen.

Die gespaltene Zunge ist wohl das beeindruckenste und wichtigste Sinnesorgan unserer Schlangen. Neben der Beutefindung dient es zur Orientierung.

Geruchssinn

Wie alle Tiere verfügen auch die Schlagen über eine Nase. Sie dient überwiegend zum Atmen. Das Geruchszentrum hingegen ist nur sehr schwach ausgeprägt.

Das wohl beeindruckenste Sinnesorgan der Schlange ist die gespaltene Zunge. Mit ihr werden Duftpartikel aus der Luft aufgenommen und zum so genannten Jakobsonschen Organ, das im Gaumendach sitzt, gebracht. Hier werden die Duftmolekühle aufgeschlossen und die Informationen an das Gehirn übermittelt. Auf diese Art sind Schlangen in der Lage, mit der Zunge zu riechen und so ihre Beute auch noch in weiter Entfernung anhand von winzigsten Duftmolekühlen ausfindig zu machen. Jedes Beuttiere hinterlässt mit seinen Bewegungen eine Geruchsspur, welche die Schlange auch noch nach einer Zeit von mehreren Minuten orten kann. So ist sie in der Lage das Beutetier zielstrebig zu verfolgen und im geeigneten Augenblick zuzuschlagen.

Die Wärmesinnesgruben sind die leichten Vertiefungen am Ober- und Unterkiefer dieses Königspythons. Sie dienen ebenso wie die Zunge zur Beutefindung.

Wärmesinnesgruben

Einige Schlangen, wie die Pythons, verfügen über ein zusätzliches Sinnesorgan, die Wärmesinnesgruben. Mit ihm sind sie in der Lage, Temperaturunterschiede auch noch in einer Entfernung von mehreren Metern wahrzunehmen. Dieses Sinnesorgan ist meist an den Seiten des Ober- oder Unterkiefers zu finden und lässt sich leicht an den kleinen Vertiefungen erkennen. Man kann die Funktion dieses Sinnesorganes mit einer Wärmebildkamera vergleichen. So erhält die Schlange eine Art Infrarotbild und ist in der Lage ihr Beutetier selbst noch bei vollkommener Dunkelheit zu orten. Beutetiere wie Mäuse, Ratten und Vögel haben ja eine höhere Körpertemperatur als die Umgebungstemperatur und heben sich so eindeutig von ihrer Umgebung ab.

Merke:

Schlangen sind nicht in der Lage, selbst die lebenswichtige Körperwärme zu erzeugen. Sie sind von geeigneten Umweltbedingungen abhängig um überleben zu können. Nur durch Flucht ist es ihnen möglich sich vor einer Überhitzung zu schützen, da ihre Haut über keine Drüsen verfügt, die ihnen ein Schwitzen ermöglichen.

Zu einem gesunden Wachstum gehört eine regelmäßige Häutung. Jungschlangen häuten sich normalerweise alle vier bis acht Wochen. Schlangen wachsen ein Leben lang, so häuten sich auch die adulten Schlangen noch in unregelmäßigen Zeitabständen. Bei Tieren mit Wärmesinnesgruben ist bei der Häutung darauf zu achten, dass auch diese vollständig mitgehäutet werden.

Am Kopf dieser *Corallus enydris* lassen sich gut die Wärmesinnesgruben erkennen.

Anschaffungsüberlegungen

Bevor wir uns zur Anschaffung und Pflege einer Schlange entscheiden, sind einige Aspekte genau zu bedenken um späteren Problemen von vornherein aus dem Weg zu gehen.

Unsere Pflegetiere lassen sich ja nicht mit Grünfutter ernähren, deshalb müssen alle Mitbewohner mit der Verfütterung von Säugetieren, Fischen oder Insekten einverstanden sein. Selbst das Verfüttern von Insekten gestaltet sich nicht immer leicht, da diese nur lebend von den Schlangen angenommen werden. Ausgebüchste Heimchen oder Grillen können so schnell zur Lärmbelästigung und Plage in einem Wohnraum werden.

Wenn man kein eigenes Haus bewohnt, sollte der Vermieter vorher um Erlaubnis gefragt werden. Alle hier vorgestellten Schlangen gelten zwar als Kleintiere und bedürfen keiner Genehmigung durch den Vermieter. Es ist aber auf alle Fälle besser, wenn eine Einwilligung vorliegt, um etwaigen Streitigkeiten aus dem Weg zu gehen. Geschützte Arten müssen bei der zuständigen Behörde angemeldet werden. Deren Pflege bedarf oftmals einer Genehmigung (Regelung der Bundesländer beachten) und diese wird nicht von allen Gemeinden ohne Auflagen erteilt. Liegt eine solche nicht vor, so drohen hohe Geldstrafen und die Beschlagnahmung der Tiere.

Ein erhöhter Stromverbrauch und die laufenden Kosten für Futter und Terrarium

Bevor ein solches Terrarium für Kornnattern und Co Einzug in unsere Wohnräume hält, sollte die Anschaffung wohlüberlegt sein.

sind ebenfalls in die Anschaffungsüberlegungen miteinzubeziehen. Selbst bei guter Pflege ist es möglich, dass unsere Schlange erkrankt und wir einen erfahrenen reptilienkundigen Tierarzt, der oftmals viele Kilometer entfernt praktiziert, aufsuchen müssen. Für geplante Urlaubsreisen ist bereits im Voraus zu klären, ob sich eine geeignete Urlaubsvertretung findet oder ob man das Tier in eine Art Kurzzeitpflege geben kann. Mit der Pflege einer Schlange übernimmt man eine Verantwortung für das Tier und zwar über einen langen Zeitraum hinweg. Nur wenn man all diese Aspekte als positiv für sich entscheiden kann, sollte man sich zur Pflege einer Schlange entscheiden.

Anschaffungsüberlegungen

- Sind alle Mitbewohner mit der Pflege einer Schlange einverstanden?
- Ist man bereit, Nagetiere, Fische oder lebende Insekten zu verfüttern?
- Können Futtertiere in ausreichender Menge bereitgestellt werden?
- Liegt eine Genehmigung durch den Vermieter vor?
- Muss das Tier bei der zuständigen Behörde angemeldet werden?
- Bewegt sich dieses neue Hobby in unserem finanziellen Rahmen?
- Sind wir bereit, im Bedarfsfall auch einen Tierarzt aufzusuchen?
- Kann ein geeigneter Ersatzpfleger während des Urlaubs gefunden werden?
- Sind wir bereit, diese Tiere ein Leben lang zu pflegen?

Nachzuchttiere der Pazifikboa, *Candoia carinata*, lassen sich ohne Schwierigkeiten im Terrarium pflegen. Foto: TFH-Archiv

Das Terrarium

Hat man sich zur Pflege einer Schlange entschieden, muss man sich vorher genau über deren Lebensgewohnheiten und Klimaansprüche informieren. Nur so lässt sich ein artgerechtes Terrarium einrichten in dem wir die Tiere ihr Leben lang gesund und munter pflegen und beobachten können. Selbst der Standort des Terrariums muss sorgfältig überlegt sein. In der Nähe eines Südfensters kann es durch die Sonneneinstrahlung leicht zur Überhitzung des Schlangenterrariums kommen. Etwas natürliches Sonnenlicht, das ins Terrarium scheint, bekommt den Tieren aber sehr gut und sie werden es dem Pfleger durch erhöhte Aktivität danken. Sinnvollerweise stellt man das Terrarium so auf, dass die Tiere durch ein ständiges Öffnen von Zimmer- oder Haustüren nicht gestört werden. Auf das Rauchen in einem Terrarienzimmer sollte man im Interesse der Tiere verzichten.

Wenn der geeignete Standort für das Terrarium gewählt ist und die Lebensgewohnheiten der Wunschschlange genau bekannt sind, kann man an die Anschaffung des Terrariums und der benötigten Technik und Einrichtung gehen.

Anforderungen an ein Terrarium

Vom Bundesministerium für Ernährung, Landwirtschaft und Forsten gibt es eine Empfehlung über Mindestanforderungen für die Terrariengröße. Die Größe für die meisten hier vorgestellten Schlangenarten sollte 1 x 0,5 x 0,5 - 1 (Länge x Breite x Höhe) der adulten Tiere aufweisen. Diese Maße gelten für den Besatz des Terrariums mit zwei Tieren. Werden mehr Schlangen in einem Terrarium gepflegt, so sind pro Tier $^1/_3$ der jeweiligen Seitenlänge hinzuzurechnen. Allgemein gilt immer die Devise: Je größer, desto besser für die Tiere. Bei allen Bodenbewohnern ist es natürlich besonders wichtig, dass diese eine entsprechende Grund-

Kennt man in etwa den Lebensraum seiner neuen Pfleglinge, so lässt sich ein artgerechtes Terrarium gestalten.

Bei diesem Glasterrarium wurden die Rückwände mit Styropor verkleidet. So ist auch hier eine Kopie des natürlichen Lebensraumes entstanden.

fläche zur Verfügung haben. Diese lässt sich noch erweitern, indem man Ablagen in das Terrarium einbaut. Baum bewohnende Schlangen werden in Terrarien gepflegt, die höher als breit sind. So finden sie in unterschiedlichen Höhenlagen verschiedene Temperaturen und Lichtverhältnisse vor und können ihren bevorzugten Ruheplatz wählen.

Terrarien, die den Anforderungen entsprechen, werden zwischenzeitlich in den unterschiedlichsten Bauformen angeboten und können auch bei den Zoofachgeschäften in jeder gewünschten Größe oder Form bestellt werden. Als Baumaterial für die meisten Terrarien dient nach wie vor Glas. Immer häufiger werden in letzter Zeit auch Terrarien aus Holz und in Alubauweise angeboten. Gerade, wenn viel im Terrarium gesprüht wird, ist besonders darauf zu achten, dass das Baumaterial keinen Schaden nimmt, aufquillt oder gar zu schimmeln beginnt.

Besonderes Augenmerk ist bei allen Terrarien auf eine ausreichende Belüftung zu legen. Nur wenn ein vernünftiger Luftaustausch im Terrarium stattfindet, lässt sich Schimmelbildung, Stauluft und Krankheit der Tiere vermeiden. Idealerweise befinden sich die Lüftungsflächen auf einer Seite unten und auf der anderen Seite oben. Oder von vorne unter den Schiebescheiben nach hinten oben (entweder im Deckel oder an der Rückwand).

Da Schlangen wahre Ausbruchskünstler sind, ist es selbstverständlich, dass die Terrarien ein Entweichen der Tiere sicher ver-

Holzterrarien werden idealer weise aus Siebdruckplatten gefertigt. Diese nehmen keine Feuchtigkeit auf und verziehen sich auch nach vielen Jahren nicht.

hindern müssen. Um auch ein versehentliches Aufschieben der Vitrinenscheiben zu vermeiden, ist ein Terrarienschloss anzubringen.

Wer sich sein Terrarium selbst bauen möchte, findet im Buchhandel, Internet oder noch besser bei ortsansässigen Vereinen einen guten Ansprechpartner und entsprechende Baupläne.

Überlegungen zum Terrarienkauf

Handelt es sich bei unserer gewünschten Schlangenart um Baum- oder Bodenbewohner? Welche Endgröße erreichen die ausgewählten Tiere?

Verfügt das Terrarium über geeignete Lüftungsflächen?

Ist das ausgewählte Terrarium für die Schlange ausbruchssicher?

Große Terrarien, ob aus Glas oder Holz, sind sehr schwer und können oft nicht auf handelsübliche Möbelteile gestellt werden!

Richtige Terrarienbeleuchtung

Schlangen stellen keine besonderen Ansprüche an die Beleuchtung ihres Terrariums. Wichtig ist nur, dass sie einen eindeutigen Tag-Nacht-Zyklus durchleben können. Denn dieser trägt wesentlich zum Wohlbefinden der Schlangen bei.

Eine Beleuchtung mit UV-Anteil, wie sie bei vielen Echsen erforderlich ist, wird für ein Schlangenterrarium nicht benötigt, schadet aber den Tieren nicht. Handelsübliche Leuchtstofflampen haben sich hier als äußerst zweckmäßig erwiesen. Verwendet man Röhren mit der Lichtfarbe Tageslicht, werden die Farben der Tiere natürlich wiedergegeben.

Bei Glasterrarien lassen sich die Leuchten problemlos von außen auflegen, ähnlich wie bei einem Aquarium. So genannte Pflanzenlampen oder HQI-Leuchten, die man von der Decke abhängt, sehen sehr dekorativ aus und liefern ein hervorragendes Licht. In Holz- oder Aluterrarien, die einen lichtundurchlässigen Deckel besitzen, lassen sich die Lampen nur in das Terrarium einbauen. Um zu verhindern, dass sich ein Tier zwischen Leuchtmittel und Lampenkörper zwängt, verwendet man Leuchten mit Abdeckung oder die Röhren müssen fest am Leuchtenkörper anliegen. Durch die Kraft des Tieres kann es sonst leicht zum Bruch des Leuchtmittels kommen, und die Tiere verletzen sich an den Glassplittern.

Zweckmäßigerweise steuert man die Beleuchtung über eine Zeitschaltuhr um den Schlangen so einen gleichmäßigen Tagesrhythmus bieten zu können.

Tipps zur Beleuchtung

Werden Lampen im Terrarium installiert darf keine Verletzungsgefahr für die Tiere dadurch entstehen. Legt man die Leuchten direkt auf das Glasterrarium auf, ist darauf zu achten, dass die Lüftungsfläche, die sich eventuell im Deckel des Terrariums befindet, nicht verschlossen wird und ein ausreichender Luftaustausch stattfinden kann. Bei aufgelegten Lampen und Hängelampen muss auch auf eine ausreichende Belüftung der Leuchten geachtet werden, um ein Springen der Deckscheibe zu verhindern.

Terrarienbeheizung

Bekannterweise zählen Schlangen zu den wechselwarmen Tieren, deren Körperfunktionen und im Besonderen die Verdauung stark temperaturabhängig ist. Um den Tieren die benötigte Temperatur im Terrarium bieten zu können, ist es nötig eine oder zwei geeignete Wärmequellen zu installieren.

Zur Beheizung des Bodengrundes werden Heizkabel und Heizmatten eingesetzt. Niemals sollte der gesamte Bodenbereich erwärmt werden, um den Tiere eine Rückzugsmöglichkeit zu bieten, wenn es ihnen zu warm wird. Als ausreichend kann man es betrachten, wenn ca. $^1/_4$ bis maximal $^1/_3$ der Bodenfläche mit einer milden Heizung versehen ist, die Temperaturen nicht über 30 bis 32 °C liefert. Heizkabel, welche in Schlingen im oder außerhalb des Terrariums verlegt werden, lassen sich individuell an die Ansprüche anpassen oder können mehrere nebeneinander stehende Terrarien beheizen. Im Terrarium installiert werden sie häufig von den Tieren ausgegraben. Heizmatten, die man im Terrarium mit Silikon auf der Bodenplatte fixiert oder unter das Glasterrarium klebt, geben eine milde,

Im Handel gibt es eine Vielzahl von geeigneten Leuchtmitteln für Terrarien. Für Schlangen ist eine UV-Bestrahlung nicht zwingend erforderlich.

Die unterschiedlichen Strahler schaffen einen Sonnenplatz und sorgen für die nötigen Lufttemperaturen.

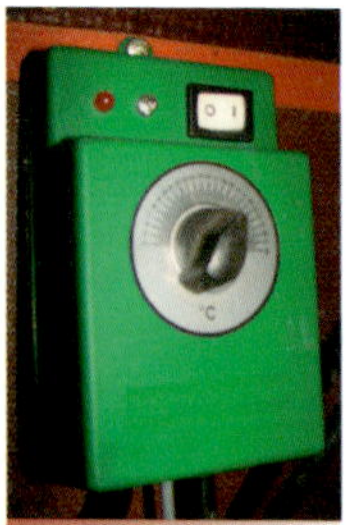

Elstein- oder Dunkelstrahler in Verbindung mit einem Thermostat eignen sich gut, um auch während der Nacht die nötigen Temperaturen aufrecht zu erhalten.

Bei Glasterrarien lässt sich die Bodenheizung auch von unten an das Terrarium ankleben.

gleichmäßige Wärme ab und eignen sich daher sehr gut zur Beheizung des Bodengrundes.

Bei den meisten Schlangenarten ist es allerdings nicht ausreichend, nur den Bodengrund an einer Stelle zu erwärmen. Auch die Luft muss auf die gewünschte Temperatur gebracht werden. Strahlungswärmequellen in Form von Strahlerglühbirnen oder Dunkelstrahlern finden hier Verwendung. Viele Schlangen, die aus den Tropen stammen, benötigen auch über Nacht höhere Lufttemperaturen als bei uns gewöhnlich in den Wohnräumen herrschen. Hier eignet sich der Einsatz von Dunkelstrahlern, da diese kein Licht abgeben und so die Tiere in ihrem normalen Tag-Nacht-Zyklus nicht stören, wenn sie auch während der Nachtstunden Wärme spenden. Kann dagegen die Lufttemperatur im Terrarium nachts auf Zimmertemperatur abfallen, ist auch der Einsatz von Spotstrahlern in den unterschiedlichen Wattstärken möglich.

Hinweise Beheizung

Alle Wärmequellen werden nur in einem Drittel des Behälters montiert, so dass sich ein natürliches Temperaturgefälle bildet, und die Tiere sich ihren bevorzugten Aufenthaltsplatz selbst auswählen können. Eine jede Strahlungswärmequelle im Terrarium sollte über ein Thermostat gesteuert werden um einem Überhitzen des Terrariums vorzubeugen. Drahtgitterkörbe schützen unsere Tiere vor Verbrennungen an den heißen Glühlampen und Strahlern. Um die Temperaturen im Terrarium zu überwachen eignen sich Thermometer. Bei Geräten mit einer minimalen und maximalen Speicherung kann man jederzeit die Grenzwerte der Nacht- und Tagtemperaturen kontrollieren.

Luftfeuchtigkeit

Durch den Einsatz von Bodenheizung und Heizstrahlern trocknet die Luft in den Terrarien stark aus. Unsere Aufgabe ist es daher, das Mikroklima in Form der relativen Luftfeuchte im Terrarium so gut als möglich nachzuahmen.

Ultraschallvernebler, die mittels einer Membrane feinste Wassertropfen (wie Sprühnebel) entstehen lassen, werden über eine Zeitschaltuhr oder einen Hygrostat (Luftfeuchteregler) gesteuert und lassen sich leicht in ein Badebecken oder eine Wasserschüssel einbauen. Eine Beregnungsanlage, wie sie auch aus Gewächshäusern bekannt ist, wird über eine Zeitschaltuhr mehrmals täglich für wenige Sekunden oder Minuten in Betrieb gesetzt und versprüht, je nach Düsenstärke, einen feinen Wassernebel oder kleinste Wassertropfen. Aber auch der Einsatz einer handelsüblichen Blumenspritze erfüllt ihren Zweck.

Egal ob man sich nun für technische Hilfsgeräte oder die manuelle Variante entscheidet, es ist stets darauf zu achten, dass man nicht das gesamte Terrarium unter Wasser setzt. Leicht kommt es sonst zur Schimmelbildung im Bodengrund oder unsere Tiere erkranken an einem Hautpilz. Die Luftfeuchtigkeit lässt sich am besten mittels eines Hygrometers kontrollieren.

Hinweise Luftfeuchte

Der Bodengrund sollte täglich gut ablüften und trocknen können. Starke Luftfeuchtigkeitsschwankungen sind zu vermeiden, ebenso immer konstante Werte. Kalte Luft und eine erhöhte Luftfeuchte führen schnell zu einer Lungenentzündung. Versprüht man nur angewärmtes Wasser wird dies, trotz der Verdunstungskälte, nicht als kalt empfunden. Es darf kein destilliertes Wasser verwendet werden. Bei dessen Aufnahme kann es zu Gesundheitsproblemen kommen.

Handelsüblicher Blumensprüher, wie er beim Autor seit vielen Jahren zur Aufrechterhaltung der Luftfeuchtigkeit eingesetzt wird.

Nie sollte der gesamte Bodenbereich befeuchtet werden. Die Tiere benötigen immer auch eine trockene Stelle im Terrarium.

Bodengrund

Einige Schlangen verstecken sich in einer Laub- oder Moosschicht, andere graben sich komplett in warmen Sand ein. Wie man sieht, sind sogar die Lebensgewohnheiten von Boden bewohnenden Schlangen sehr unterschiedlich. Um ein natürliches Verhalten zu ermöglichen, muss der Bodengrund für die jeweilige Art auch geeignet sein.

So lassen sich die meisten Schlangen gut auf Buchenspänen, Pinienborke, Terrarienhumus oder Kokoshumus pflegen. Für Tiere, die sich gerne in den warmen Wüstensand eingraben, verwendet man feinen, nicht scharfkantigen Sand. In trockenen Terrarien, in denen nur selten gesprüht wird, findet Buchenspäne, Pinienborke oder ein Gemisch aus Sand und Humus Anwendung. Wenn Buchenspäne zu feucht wird, neigt sie leicht zur Schimmelbildung und vergraut. In halbfeuchten und feuchten Terrarien setzt man Pinienborke, Terrarienhumus, Kokoshumus oder ein Gemisch dieser ein. Diese Arten des Bodengrundes sind in der Lage Feuchtigkeit auch über einen längeren Zeitraum zu speichern und wirken so als Feuchtigkeitspuffer. Pinienrinde wirkt, aufgrund der Gerbsäuren, zudem antibakteriell und vermindert so Bakterien und Pilze im Terrarium.

Für nicht grabende Arten ist eine Bodenschicht von fünf bis acht Zentimeter ausreichend. Wühlt unsere Schlange hingegen im Bodengrund, sollte dieser mindestens in einer Höhe von 12 cm eingebracht werden. Der Großteil der Baumbewohner kommt ja aus den Tropen, wo sowieso eine erhöhte gleich bleibende Luftfeuchtigkeit herrscht. Hier eignen sich auch Pinienrinde, Terrarienhumus und Kokoseinstreu sehr gut.

Pinienborke wird am häufigsten als Bodengrund für Schlangenterrarien verwendet. Dies liegt wohl nicht nur an ihrem natürlichen Aussehen sondern auch an den vielen Vorzügen.

Hinweise Bodengrund

Alle Verunreinigungen in Form von Urin, Kot oder Häutungsresten müssen unverzüglich entfernt werden. Diese lassen sich natürlich auf einem hellen Untergrund wie Buchenspäne leichter und schneller erkennen. Trotz regelmäßiger Reinigungsarbeiten muss der Bodengrund in regelmäßigen Abständen erneuert werden.

Alle Aufbauten in Terrarien bringt man immer direkt auf der Bodenplatte an, um ein Untergraben und Einstürzen der Bauten zu verhindern.
Falscher Bodengrund oder scharfkantiger Kies kann eine Verletzung der Bauchschuppen nach sich ziehen. Diese lässt sich an der rötlichen Verfärbung des Bauches erkennen. In diesem Fall ist der Bodengrund unverzüglich zu kontrollieren und gegebenenfalls gegen einen geeigneten auszutauschen.

Gestaltung und Einrichtung

Sich zu verstecken oder in den Ästen von Bäumen und Sträuchern zu hängen gehört zu den natürlichen Verhaltensweisen von Schlangen. Deshalb müssen wir im Terrarium unseren Tieren die Möglichkeit geben, sich in einen Unterschlupf zurückzuziehen oder auf einem erhöhten Ast oder Stein

Sobald Kot oder Urin entdeckt werden, sollten sie unverzüglich aus dem Terrarium entfernt werden.

Ein Terrarium, das dem Regenwald nachempfunden wurde.

Wärme zu tanken. Auch die Gestaltung der Rück- und Seitenwände trägt wesentlich zum Wohlbefinden der Tiere bei. Wenn das Terrarium nur von einer Seite einzusehen ist, fühlen sich Schlangen geborgen und reagieren nicht hektisch, wenn sich jemand dem Terrarium nähert. Bei Glasterrarien lassen sich die Seiten- und Rückwände einfach mit Abtönfarben von außen bemalen. Auf diese Art kann man seiner Fantasie freien Lauf lassen und einen farbenfrohen Lebensraumausschnitt nachgestalten. Ähnlich wie für Aquarien, gibt es auch für Terrarien fertige Fotorückwände, die sich leicht mit Tesafilm oder einem Spezialkleber an den Rück- und Seitenwänden befestigen lassen. Doch diese einfache Gestaltungsart ist nicht Jedermanns Sache. Viel natürlicher sehen hier Strukturrückwände aus Kork, Kokosfaser, glasfaserverstärkte Kunststoffplatten oder geschäumten Materialien aus, die im Handel erhältlich und einfach mit Silikon an die Glasscheiben zu kleben sind. Hierbei ist vor allem darauf zu achten, dass die Kanten gut eingestrichen werden, um ein Hinterkriechen der Rückwände durch kleinere Tiere zu vermeiden. Ist dies erst einmal der Fall, hilft meist nur noch die vorsichtige Demontage der Rückwandverkleidung, um die Schlange zu retten. Mit Korkröhren oder eingebauten zusätzlichen Liegeflächen lässt sich die nutzbare Fläche nochmals strukturieren und vergrößern.

Unterschlupf und Versteck sollten nur so groß oder so klein sein, dass die Tiere Körperkontakt zu den Seitenwänden haben. Werden diese an verschiedenen Stellen aufgestellt, können sich die Tiere ihren bevorzugten Ruheplatz selbst auswählen. Der Fachhandel hält hierzu ein breites Angebot bereit, wie Korkrinden und fertige Schlupfhöhlen in Steinoptik. Gut eignen sich auch Blumentöpfe oder Schalen aus Ton, wenn ein Einschlupfloch in Tiergröße eingeschnitten wird. Da Ton die Feuchtigkeit gut speichert, herrscht so in dem Unterschlupf immer eine etwas höhere Luftfeuchtigkeit, wenn dieser regelmäßig nachbefeuchtet wird.

Wenn wir jetzt noch einige Kletteräste und Steine in den künstlichen Lebensraum Terrarium integrieren, werden sich unsere Lieblinge schnell eingewöhnen und sich „pudelwohl" fühlen. Steine, Holz und Äste, die selbst gesammelt werden, müssen frei von Ungeziefer und Verunreinigungen sein. Holz von Nadelbäumen ist ungeeignet, da es stark harzt und ätherische Dämpfe freigesetzt werden. Gehölze von Nuss- und Obstbäumen können hingegen ohne Bedenken verwendet werden, wenn diese vorher getrocknet wurden.

Moos dient den Tieren nicht nur als willkommener Unterschlupf, sondern auch zur Eiablage.

Schlangen benötigen keine Bepflanzung des Terrariums, sie kann aber zur Aufrechterhaltung der Luftfeuchtigkeit beitragen. Es ist also reine Geschmackssache, ob man sein Schlangenterrarium bepflanzt oder lieber nur mit Ästen und Steinen einrichtet. Pflegt man nur kleinere Schlangenarten, können lebende Pflanzen ohne Bedenken in das Terrarium eingesetzt werden, welche allerdings auch der Pflege bedürfen. Wesentlich pflegeleichter ist die Gestaltung des Terrariums mit Kunstpflanzen, die von den Tieren nicht zerquetscht oder beschädigt werden.
Um den Tieren die Möglichkeit zur Wasseraufnahme und zu einem gelegentlichen Bad zu geben, muss stets ein Wassergefäß in ausreichender Größe mit frischem Trinkwasser zur Verfügung gestellt werden.

Hinweise Terrariengestaltung
Schlangen fühlen sich merklich wohler, wenn nur von einer Seite Einblick in das Terrarium erfolgen kann. Man glaubt es gar nicht, in was für kleine Ritzen sich eine Schlange zu zwängen vermag, daher dürfen sich im Terrarium keine unkontrollierbaren Schlupflöcher und Spalten befinden. In Holz- oder Aluterrarien lassen sich Äste und Ablagen leicht einschrauben und sind so gut vor umstürzen geschützt. Trotz aller Pflanzen, Äste und Steine müssen die Tiere noch genügend Bewegungsfreiraum zur Verfügung haben. Weiterhin ist bei Einrichtungsgegenständen stets darauf zu achten, dass sich unsere Tiere daran nicht verletzen können. Besonders gefährlich sind hier Schrauben, mit denen Pflanzen oder Äste befestigt werden.

Terrarium mit einer Rückwand aus Styropor. So lässt sich eine Felslandschaft nachbilden.

Erwerb der Tiere

Ist das Terrarium fertig vorbereitet und die Klimaparameter wurden genau überprüft, kann endlich die gewünschte Schlange gekauft werden. Nun stellt sich allerdings noch die Frage, woher man die Tiere bekommt, und wie sich erkennen lässt, ob diese auch gesund und munter sind?

Die meisten für die Terrarienpflege geeigneten Arten werden regelmäßig vermehrt, deshalb ist es nicht nötig, Wildfänge zu erwerben. Diese sind meist in der Pflege schwieriger als gesunde Terrariennachzuchten und von Fang und Transport gestresst. Ein Großteil von ihnen kommt bereits abgemagert, mit Parasiten befallen oder dehydriert (Wassermangel) bei uns in den Terrarien an. Solche Tiere wieder aufzupäppeln, erfordert viel Zeit, Wissen und Geduld. Auf keinen Fall sollte man solche Tiere nur aus Mitleid kaufen und darauf hoffen, dass sich die Probleme von selbst lösen. Auf vielen Terraristikbörsen oder bei den Zoofachgeschäften vor Ort ist stets eine große Anzahl von Nattern, kleinwüchsigen Boas oder Pythons vorrätig. Dort kann man, eine gute Beratung vorausgesetzt, das gewünschte Tier getrost kaufen. Eine der besten Möglichkeiten ist es, seine Tiere selbst bei einem Züchter vor Ort abzuholen. Beim Treffen mit ihm lassen sich nochmals genau die Klimaparameter und die Einzelheiten zur Pflege besprechen. Besichtigt man die Terrarienanlage des Züchters kann man gut beurteilen, woher die Tiere stammen und

Eine vorbildlich gepflegte Verkaufsanlage in einem Zoofachgeschäft.

ob auch die Zuchttiere artgerecht gepflegt werden. Weiterhin sind dort die Elterntiere zu sehen und es lassen sich Rückschlüsse auf das Aussehen und die Endgröße der erworbenen Nachzuchten ziehen. Entsprechende Adressen kann man im Internet, bei ortsansässigen Vereinen oder in Fachzeitschriften bekommen.

Selbst im Internet lassen sich heutzutage Reptilien bestellen. Leider fehlt dort der persönliche Kontakt zum Verkäufer und man kann das Tier vor dem Kauf nicht auf den Gesundheitszustand hin überprüfen. So ist man auf das Fachwissen und die Ehrlichkeit des Verkäufers angewiesen.

Egal ob man nun sein Tier auf einer Terrarienbörse, beim Zoofachgeschäft um die Ecke oder bei einem renommierten Züchter erwirbt, wenn man ein schlechtes Gefühl hat oder sich der Verkäufer nicht mit den Tieren auskennt, sollte man auf alle Fälle Abstand vom Kauf nehmen. Etwas Geduld bis man das geeignete Tier gefunden hat macht sich oftmals schon nach kurzer Zeit bezahlt, indem man nämlich dann über gesunde und muntere Schlangen verfügt.

Anfänger in der Schlangenpflege sollten nach Möglichkeit keine frisch geborenen

Bei den meisten Züchtern werden die Jungtiere einzeln in sogenannten Faunaboxen gepflegt. Dies hat den Vorteil, dass hier meist genaue Aufzeichnungen über Futteraufnahme, Häutung und eventuelle Krankheiten zur Verfügung stehen.

Einige Arten sind meldepflichtig oder dürfen sogar nur gepflegt werden, wenn eine Genehmigung durch die Naturschutzbehörden vorliegt, so auch diese junge Vierstreifennatter.

Tiere erwerben, da einige anfangs Schwierigkeiten bei der Nahrungsaufnahme bereiten. Schlangen in einem Alter von einem halben Jahr sind normalerweise futterfest und der Umzug in ein neues Zuhause wird von den Tieren gut verkraftet.

Artenschutz

Besonders geschützte Tiere und Pflanzen werden in der BArtSchV (Bundesartenschutzverordnung) aufgeführt. Wirbeltiere einer besonders geschützten Art dürfen nur gepflegt werden, wenn der Besitzer über die nötige Zuverlässigkeit und Sachkenntnis verfügt, lautet der Gesetzestext. Lebende Reptilien der besonders geschützten Arten unterliegen auch einer Kennzeichnungspflicht. Diese kann entweder durch Fotodokumentation oder durch das Einsetzen eines Mikrotransponders erfolgen. Solche Arten dürfen auch nur mit einer behördlichen Genehmigung gepflegt werden. Bei Verstößen gegen dieses Gesetz drohen hohe Geldstrafen bis hin zu Haftstrafen.

Alle einheimischen Kriechtiere stehen unter Artenschutz. So auch die Würfelnatter. Terrariennachzuchttiere dürfen allerdings gepflegt werden, wenn eine Genehmigung vorliegt. Foto: TFH-Archiv

Eine weitere für uns wichtige Verordnung ist das Washingtoner Artenschutzabkommen (WA). Es regelt den Handel und Besitz von schützenswerten Wildtieren und ist auch unter den Namen CITES bekannt.

Anhang A

Die im Anhang I des WA aufgeführten Arten, vom Aussterben bedrohte Arten, die durch den Handel beeinträchtigt werden oder beeinträchtigt werden könnten, sowie Arten, die nach Ansicht der Europäischen Union im internationalen Handel so gefragt sind, dass jeglicher Handel das Überleben der Art gefährden würde.

Anhang B

Im WA-Anhangs II werden die Arten aufgeführt, deren Erhaltungssituation zumeist noch eine geordnete wirtschaftliche Nutzung unter wissenschaftlicher Kontrolle zulässt, und Arten, die international in solchen Mengen gehandelt werden, die das Überleben der Art oder von Populationen in bestimmten Ländern gefährden können.

Anhang C

Die Arten des WA-Anhangs III Arten, die von einer der Vertragsparteien in ihrem Hoheitsgebiet einer besonderen Regelung unterworfen sind, sowie alle anderen vom WA erfassten Arten, die nicht bereits in den Anhängen A oder B genannt sind.

Anhang D

Die Arten, bei denen der Umfang der Einfuhren in die Europäische Union eine mengenmäßige Überwachung rechtfertigt, um gegebenenfalls aus den so ermittelten Zahlen eine stärkere Unterschutzstellung herzuleiten.

Was heißt dies aber für uns als Schlangenfan?

Dürfen wir jetzt keine Schlangen mehr pflegen? Welche Tiere fallen denn unter das Gesetz?

Nein so schlimm ist das auch wieder nicht. Nur müssen halt alle Richtlinien beim Erwerb und der Pflege solcher Arten eingehalten werden. Da sich diese Vorschriften jederzeit ändern können, ist es schwierig hierüber genaue Angaben zu machen, da diese in einigen Monaten schon keine Gültigkeit mehr haben können. Einige Arten, wie der Königspython, sind von einer Besitzanzeigepflicht ausgenommen, aber man muss in der Lage sein, den rechtmäßigen Erwerb und Besitz nachzuweisen. Der fachkundige Verkäufer wird einem mit Sicherheit bei allen Fragen um Artenschutz und Meldepflicht mit seinem Wissen zur Seite stehen. Da aber bekanntlicherweise Unwissenheit nicht vor Strafe schützt, kann nur jedem Schlangenpfleger angeraten sein, sich vor dem Kauf genau über etwaige Vorschriften und Meldepflichten zu informieren. Auskunft hierüber kann man über die DGHT bekommen oder bei der zuständigen Gemeinde oder dem Ordnungsamt.

Checkliste vor dem Kauf

- Das Verkaufsterrarium muss sauber sein und sich in einem guten Pflegezustand befinden.
- Das Tier muss in einem sichtbar guten Gesundheitszustand sein. Eine ausgestreckte Lage ist für Schlangen untypisch und deutet oftmals auf eine Krankheit hin.
- Die Schlange darf nicht auf der Seite liegen, außer wenn es sich um ein adultes trächtiges Tier handelt. Dann sollte aber auch die Eiablage oder die Geburt der Jungen abgewartet werden, bevor man die Schlange erwirbt.
- Sie muss sich in einem guten Ernährungszustand befinden. Eingefallene Flanken oder sichtbare Hautfalten sind Anzeichen einer längeren Nahrungsverweigerung oder einer Magen- und Darmerkrankung
- Dass sie frei von Außenparasiten wie Milben ist, versteht sich von selbst.
  Diese kleinen Plagegeister sind als kleine schwarze sich bewegende Punkte an der Schlange, vor allem in den Schuppenzwischenräumen an der Kopfunterseite zu sehen.
- Es dürfen keine Atemgeräusche hörbar sein.
- Die Wirbelsäule darf nicht beschädigt sein oder einen Knick aufweisen.
- Das Maul einer gesunden Schlange ist geschlossen und frei von Entzündungen und Schleim.
- Unsere Schlange darf keine Knötchen oder Geschwülste unter der Haut haben.
- Häutungsreste am Tier sind Anzeichen von schlechten Pflegebedingungen, geben sich aber rasch, wenn man die Tiere bei optimalen Klimawerten unterbringt.

Befindet sich die Schlange in einem Terrarium, so lässt sich der Gesundheitszustand nur schwer beurteilen.

Gesunde Tiere, wie diese *Lamprophis fuliginosus,* zeigen nach der Häutung oftmals einen Regenbogenglanz der Schuppen.

- Die Nase darf keinen Ausfluss haben, was auf eine Erkältungskrankheit hindeuten würde.
- Die Kloake darf nicht verkrustet oder entzündet sein.
- Die Haut der Schlange sollte von kräftiger Farbe sein und nicht matt wirken (außer vor Häutung).
- Hat die Schlange erst vor ein oder zwei Tagen gefressen, so sollte sie nach Möglichkeit nicht transportiert werden. Einige Tiere neigen dann dazu die Beutetiere wieder auszuwürgen. Dies ist auch immer mit einem Flüssigkeitsverlust verbunden und bedeutet einen erheblichen Stress für die Tiere. Lieber das gewünschte Tier reservieren lassen und dann in zwei oder drei Tagen abholen.
- Ist die Schlange schon sehr groß, kann das Alter nicht mehr genau bestimmt werden. Viele Züchter verkaufen so ihre alten und ausgedienten Zuchttiere.
- Entscheidet man sich zum Kauf von kleinen Jungschlangen, so muss die Beschaffung von geeigneten Futtertieren sichergestellt sein.
- Jungschlangen sollten bereits futterfest sein.

Quarantäne

Alle Neuerwerbungen sollte man zunächst zur Beobachtung mindestens einen Monat lang getrennt von anderen Tieren pflegen. Eventuelle Krankheiten lassen sich so schnell erkennen, und man kann die Tiere während der ersten Zeit genauer beobachten. Als Quarantäneterrarium sind Glas- oder Kunststoffterrarien sehr gut geeignet, da sich diese leicht reinigen und desinfizieren lassen. Das Einbringen eines Bodengrundes ist hier nicht zwingend erforderlich. Sinnvoller ist es den Boden mit Küchenkrepp oder alter Zeitung auszulegen. Auf einem solchen Untergrund lassen sich Urin oder Kot schnell entfernen und eventuelle Erkrankungen lassen sich oftmals schon den Ausscheidungen leicht erkennen. Die weitere Einrichtung des Quarantänebehälters sollte sehr einfach und zweckmäßig sein. Als Unterschlupf genügt eine umgedrehte Blumenschale mit Einschlupfloch. Ein kleines Wasserbecken, welches wir täglich mit frischem Wasser füllen, muss auch hier stets zur Verfügung stehen.

Um eine Erkrankung auszuschließen, wird so bald als möglich eine frische Kotprobe entnommen, um diese von einem Tierarzt oder veterinärmedizinischen Institut untersuchen zu lassen. Dieser Vorgang muss, auch wenn die erste Probe negativ (das heißt, es wurden keine Parasiten oder Krankheiten gefunden) ausfiel nach ungefähr vier Wochen nochmals wiederholt werden. Erst wenn beide Proben negativ sind, dürfen die Tiere zu den bereits vorhandenen gebracht werden.

Ein einfach eingerichtetes Quarantäneterrarium für kleine Nattern. Dieses kann auch als Aufzuchtterrarium für Jungtiere dienen.

Königspythons können auch in Gruppen problemlos in Terrarien gepflegt werden.

Sind Schlangen Einzelgänger?

Wer nur eine einzige Schlange pflegen möchte, braucht sich keine Gedanken darüber zu machen, ob sich sein Tier einsam fühlt. Schlangen sind auch in der Natur Einzelgänger und viele Schlangenpfleger bringen ihre Tiere immer einzeln in Terrarien unter. So müssen sie beispielsweise bei der Fütterung nicht getrennt werden und man kann die Ausscheidungen der Schlange leicht dem jeweiligen Tier zuordnen. Krankheiten lassen sich so leicht erkennen und eindämmen. Immer wieder wird aber die Frage gestellt, wie viele Schlangen man denn in einem Terrarium pflegen kann.

Ist das Terrarium ausreichend groß, so spricht nichts dagegen, wenn bis zu zwei Pärchen einer Art in diesem Platz finden. Um eine Bastardierung (Kreuzung von unterschiedlichen Arten und Unterarten) zu vermeiden werden aber immer nur Tiere der gleichen Art und Unterart in einem Terrarium gemeinsam gepflegt. So ein Terrarium muss über eine gute Strukturierung verfügen und für jedes Tier einen eigenen

Unterschlupf und Versteckplatz aufweisen. Als schwierig gestaltet sich die Fütterung in einem solchen Terrarium, denn die Tiere müssen hierzu getrennt werden, um zu verhindern, dass sich mehrere Schlangen in das gleiche Beutetier verbeißen.

Oftmals werden Schlangen mit anderen Reptilien oder Wirbellosen vergesellschaftet. In der Natur können sich diese unterschiedlichen Lebewesen leicht durch Flucht aus dem Weg gehen. Der beengte Lebensraum Terrarium bietet diese Möglichkeit nicht, so wird eine Tierart immer unter der anderen leiden. Sei es aufgrund unterschiedlicher Aktivitätszeiten, der Gefahr der Krankheitsübertragung, Ernährungsweisen oder auch, weil sie die gleichen Lebensgewohnheiten haben und in Nahrungskonkurrenz stehen. Eine solche Vergesellschaftung sollte deshalb nur in Großterrarien, wie sie in Zoos zu finden sind, vorgenommen werden. Vorsicht ist bei der Vergesellschaftung von *Lampropeltis-Arten* (Dreiecksnattern und Kettennattern) geboten. Diese Schlangenarten ernähren sich auch in der Natur von anderen Schlangen. Nicht selten ist es passiert, dass der Schlangenpfleger am Morgen nur noch ein Tier im Terrarium vorgefunden hat, welches dann für die nächsten drei Wochen jede Nahrung verweigert hat, da es diese Zeit brauchte um seine Beute zu verdauen. Sind beide Schlangen gleich groß, so kann dies auch zum Tode des Stärkeren führen, da dieser nicht in der Lage ist seinen gleichgroßen Artgenossen zu verspeisen und dann an diesem erstickt. Selbst wenn der Verkäufer des Öfteren betont, dass man diese Art zusammen pflegen kann, ist im Interesse der Tiere darauf zu verzichten, denn oftmals kommt es erst nach einem oder mehren Jahren zu Problemen.

In der Natur ernähren sich Kettennattern auch von anderen Schlangen. Von einer Vergesellschaftung im Terrarium ist deshalb abzuraten.

Tipp für Vergesellschaftung

- Schlangen sind auch in der Natur Einzelgänger und müssen nicht zwangsweise zusammen gepflegt werden.
- Stets nur art- und unterartgleiche Tiere vergesellschaften.
- Eine Vergesellschaftung mit anderen Reptilien und Wirbellosen gelingt nur in einer groß angelegten Anlage, wie sie in Zoos zu finden ist.
- Lampropeltis-Arten sollten um Verluste zu vermeiden, stets einzeln gepflegt werden. Nur zur Paarung werden die Tiere unter Aufsicht zusammengesetzt.

Natter, Boa oder Python?

Das Tierreich verfügt über eine große Fülle von unterschiedlichsten Schlangenarten. Einige von ihnen sind sehr toll gefärbt oder haben anatomische Besonderheiten, wie beispielsweise die Klapperschlangen oder einige Fühlerschlangen. Und jährlich werden neue, spektakuläre Arten entdeckt. Sicherlich ist in den Regenwäldern Amazoniens oder in den Wäldern Australiens noch das eine oder andere Schmuckstück verborgen. Solche Neuentdeckungen müssen erst wissenschaftlich erfasst und beschrieben werden, ehe sie sich in eine Gattung einordnen lassen. Da sie nur als Wildfänge zu uns nach Hause kommen, sollten wir die Pflege solcher neu beschriebenen Arten Spezialisten und zoologischen Einrichtungen überlassen.

Für die Pflege im Wohnzimmerterrarium eignet sich eine Vielzahl unterschiedlicher Arten, die regelmäßig nachgezogen werden und keine Gefahr für Leib und Leben des Menschen darstellen. Auch sollten sie eine vertretbare Größe aufweisen und das benötigte Futter muss leicht zu beschaffen sein. Hier soll eine kleine Auswahl von geeigneten Arten für die Terrarienhaltung vorgestellt werden, die regelmäßig als gesunde Nachzuchttiere zu bekommen sind und sich gut für die Pflege in einem Terrarium eignen. Besonders Vertreter von bekannten Nattern, Boas und Pythons werden von Züchtern alle Jahre in großen Stückzahlen produziert. Einige Arten unter ihnen werden bereits seit mehr als 25 Jahren regelmäßig nachgezogen, und man kann diese wahrlich schon als richtige Haustiere bezeichnen.

Von vielen Schlangen sind mittlerweile auch sehr ansprechende Farbformen erhältlich. Hier im Bild ein albinotischer und ein nominat (natürlich) gefärbter *Python regius*.

Kornnatter
(Pantherophis guttatus)

Pantherophis guttatus eignet sich sehr gut auch für Anfänger der Schlangenpflege.

Herkunft: Das Verbreitungsgebiet dieser häufig in Terrarien anzutreffenden Natter umfasst die Ost- und Südküste der USA und den Nordosten Mexikos.
Größe: Üblicherweise erreichen die Tiere eine Gesamtlänge von 1,2 m. Es sind aber auch Tiere von 1,5 m bis hin zu 1,8 m bekannt. Tiere dieser Größe dürften mehr als 14 Jahre alt sein.
Futter: Kornnattern lassen sich mit Mäusen oder kleinen Ratten leicht ernähren. Eingewöhnte Tiere gehen auch problemlos an aufgetaute Beutetiere. Viele frisch geschlüpfte Kornnattern gehen anfangs meist nur an lebende Mäusebabys.
Lebensweise: Dämmerungsaktive Art, die unter Steinen, Wurzeln und in flach wachsenden Sträuchern lebt. In der Natur bewohnen diese Nattern auch häufig Getreidespeicher. Bei den Bauern ist sie ein gern gesehener Gast, der die Mäuse und Ratten kurz hält.
Haltung: Terrarium (ca. 1,2 m lang, 0,6 m tief und 0,8 m hoch) für ein Pärchen mit 1,2 m Gesamtlänge. Als Bodengrund eignen sich am besten Pinienborke oder Buchenspäne. Einige flache Rindenstücke und Klettermöglichkeiten vervollständigen die Einrichtung. Ein Gefäß mit frischem Trinkwasser, in dem die Tiere auch mal baden können, muss vorhanden sein. Als Beleuchtung dient eine Leuchtstofflampe. Die Bodenheizung sollte nur einen Teil der Gesamtfläche einnehmen. Einige Moospolster werden von den Tieren gerne als Versteckplatz und als Eiablageplatz genutzt.
Klima: Die Tagestemperaturen sollten circa 27 °C an einem Wärmeplatz bis zu 30 °C betragen. Nachts kann es dann um 5 bis 7 °C abkühlen. Die Luftfeuchtigkeit sollte bei 60 % bis 70 % liegen.
Winterruhe: Von November bis März bei circa 14 bis 16 °C.
Fortpflanzung: Je nach Größe der Weibchen werden zwischen 14 und 25 Eiern abgelegt.
Sonstiges: Es sind viele unterschiedliche Farb- und Zeichnungsvarianten der Kornnatter erhältlich. Sehr gutes Anfängertier, auch für Kinder geeignet. Die Nachzucht dieser Natter gelingt leicht, so dass diese Art am häufigsten in den Zoofachgeschäften und auf Terrarienbörsen angeboten wird.

Steppennatter
(Elaphe dione)

Herkunft: Große Teile des heutigen Russlands bis hin zum Japanischen Meer. Trotz des Namens handelt es sich um keinen reinen Steppenbewohner, wie auch aus dem Verbreitungsgebiet ersichtlich wird.
Größe: Männliche Tiere werden bis zu einem Meter lang. Mit bis zu 1,2 m werden die Weibchen nicht erheblich größer, aber um einiges massiger.
Futter: Diese Nattern nehmen als Nahrung Mäuse und Ratten ihrer Körpergröße entsprechend. Selbst tote Beutetiere werden akzeptiert.
Lebensweise: Im Terrarium ist sie während des Tages aktiv, oftmals sogar bis in die späten Nachtstunden hinein. Als guter Kletterer ist sie in der Lage, sich nur mit einem Bruchteil ihres Körpers an einem Ast festzuhalten, während der Rest sich frei in der Luft in alle Richtungen orientieren kann.
Haltung: Terrarium (ca. 1 m lang, 0,6 m tief und 0,8 m hoch) für ein Pärchen. Als Bodengrund eignet sich am besten Pinienborke. Einige flache Rindenstücke und Klettermöglichkeiten vervollständigen die Einrichtung. Ein Gefäß mit frischem Trinkwasser, in dem die Tiere auch mal baden können, muss vorhanden sein. Beleuchtet wird das Terrarium, wie andere auch, mit einer Leuchtstofflampe. Die Bodenheizung sollte nur einen kleinen Teil der Gesamtfläche einnehmen. Eingebrachte Äste und Steine werden von den Tieren gerne als Versteckplatz, zum Klettern und Sonnen genutzt.
Klima: Die Tagestemperaturen sollten im Mittel um die 26 °C liegen. Nachts kann es dann um 5 bis 7 °C abkühlen. Die Luftfeuchtigkeitswerte stellen wir auf 70 % ein.
Winterruhe: Von Ende Oktober bis Ende Februar bei circa 9 bis 12 °C.
Fortpflanzung: Es werden bis zu 5 relativ große Eier abgelegt.
Sonstiges: Eine sehr interessante kleine Natter, die durch ihre Aktivität dem Pfleger viel Freude bereiten wird. Auf ähnliche Art lässt sich auch die Zweifleckennatter pflegen.

Steppennattern können während der Sommermonate auch in Freilandterrarien gepflegt werden.

Pueblo Milchnattern lassen sich ohne Probleme in Terrarien pflegen.

Pueblo- Milchnatter
(*Lampropeltis triangulum campbelli*)

Herkunft: Südöstliches Mexiko in Höhenlagen bis zu 1500 m.
Größe: Diese Natter erreicht eine Größe von bis zu 1 m, wobei das Mittel bei 90 cm liegt.
Futter: Die Milchnatter akzeptiert, aufgrund ihrer geringen Größe als Nahrung kleine Beutetiere wie halbwüchsige Mäuse und große Rattenbabys. Im Terrarium lässt sich auch diese Art an aufgetaute Beutetiere gewöhnen.
Lebensweise: Die Tiere sind am späten Nachmittag, in der Dämmerung und am frühen Morgen besonders aktiv. Sonst leben sie versteckt unter Rindenstücken und in Steinspalten. In der Natur bewohnt diese Natter trockene Gebiete mit vielen Steinen und Geröll, sowie nur spärlicher Vegetation.
Haltung: Terrarium (1 m lang, 0,6 m tief und 0,6 m hoch), bei Einzelpflege genügen 80 cm Kantenlänge. Da sich die Tiere auch gerne mal im Bodengrund eingraben, ist eine circa 10 cm hohe Schicht Pinienborke, Buchenspäne oder ein Gemisch aus Terrarienerde und Pinienborke ideal. Einige Klettermöglichkeiten und ein Unterschlupf vervollständigen die Einrichtung. Ein Trinkgefäß mit frischem Wasser muss immer angeboten werden. Zur Beleuchtung wird eine handelsübliche Leuchtstofflampe verwendet. Für eine milde Bodenwärme sorgt eine kleine Heizmatte, die in einer Ecke des Terrariums installiert wird.
Klima: Die Tagestemperaturen sollten circa 27 °C betragen, lokal, unter einer Wärmequelle bis zu 30 °C, mit einer nächtlichen Abkühlung auf circa 18 °C. Die Luftfeuchtigkeitswerte werden auf 60 % eingestellt.
Winterruhe: Von Ende November bis Mitte März bei ungefähr 12 bis 14 °C.
Fortpflanzung: Diese Art legt zwischen 5 und 7 große, längliche Eier ab.
Sonstiges: Auch von dieser Art sind inzwischen unterschiedliche Farbformen erhältlich. Diese Tiere sind im Umgang etwas hektischer als beispielsweise Kornnattern. Obwohl sie gegenüber Artgenossen sehr verträglich ist, empfiehlt sich auch eine Einzelpflege der Milchnatter.

Ein Pärchen der Sinaloa-Dreiecksnatter im Terrarium. Vorsicht ist stets bei und nach der Fütterung geboten.

Sinaloa-Dreiecksnatter
(*Lampropeltis triangulum sinaloae*)

Herkunft: Wie sich ja aus den Namen schon ableiten lässt, so lebt diese Art in ganz Sinaloa, sowie in den Nachbarstaaten Sonora bis hin zu Chihuahua. Unter 1000 m Höhe bewohnt sie dort die Randstreifen der Gebirgsketten.

Größe: Diese Dreiecksnatter erreicht eine Größe von bis zu 1,2 m.

Futter: Sinaloa-Nattern lassen sich mit Mäusen und Ratten gut ernähren. Aufgrund ihres kleinen Kopfes verfüttern wir auch an sie nur Beutetiere, die nur geringfügig größer als der Schlangenkopf sind. Aufgetaute Beutetiere werden auch von dieser Natter akzeptiert.

Lebensweise: In den späten Abendstunden beginnt die Aktivitätsphase dieser Tiere. Jetzt kommen sie unter Rindenstücken, Steinspalten und aus hohlen Baumstämmen zum Vorschein. Gelegentlich lässt sich diese Natter auch am Morgen bei einem ausgedehnten Sonnenbad beobachten.

Haltung: Terrarium (1 m lang, 0,6 m tief und 0,6 m hoch), bei Einzelpflege auch geringfügig kleiner. Um der versteckten Lebensweise dieser Schlange Rechnung zu tragen, sollte das Terrarium mit einigen Versteckmöglichkeiten, wie Rindenstücken und einem Bodengrund aus Pinienborke oder einer Mischung aus Sand und Terrarienerde mit einer Höhe von circa 10 cm ausgestattet sein. Ein Trinkgefäß mit frischem Wasser muss immer angeboten werden. Zur Beleuchtung wird eine handelsübliche Leuchtstofflampe verwendet. Um eine milde Erwärmung des Bodens zu erzielen, wird eine schwache Heizmatte integriert. Aufgrund der Größe der Tiere, lässt sich das Terrarium auch mit echten Pflanzen gestalten. Viele Tiere nehmen die feuchte Blumenerde gerne als Versteckplatz an oder nutzen diese zur Eiablage.

Klima: Die Tagestemperaturen sollten 27 bis 29 °C betragen, mit einer nächtlichen Abkühlung auf circa 18 bis 20 °C. Die Werte für die Luftfeuchte sollten bei 60 % liegen.

Winterruhe: Von Ende November bis Mitte März bei 14 bis 16 °C.

Fortpflanzung: Ähnlich wie bei den *L. campbelli*, werden auch hier 4 bis 7 Eier abgelegt.

Sonstiges: Diese Art wird sehr häufig als Nachzucht angeboten und ist auch für den Anfänger gut geeignet. Um Kannibalismus zu vermeiden ist es angeraten diese Schlange nicht in Gemeinschaftsterrarien zu pflegen. Auf ähnliche Art lassen sich auch die anderen dreifarbigen *Lampropeltis*-Arten pflegen.

Kalifornische Kettennatter
(*Lampropeltis getula californiae*)

Herkunft: Wie man aus dem Namen schon schließen kann, stammt diese Art aus Kalifornien. Das heißt, vom südwestlichen Oregon bis zur Spitze von Baja California.
Größe: Eine kräftige, prächtige Natter, die eine Größe von bis zu 1,3 m erreichen kann. Es werden aber auch immer wieder Tiere von über 1,5 m Größe angeboten.
Futter: Diese Schlangen fressen Nagetiere ihrer Körpergröße entsprechend. So kann man an sie Mäuse und kleine Ratten verfüttern. Auch die bereits erwähnte Tiefkühlkost wird ohne Probleme angenommen.
Lebensweise: Dämmerungsaktive Art, die sich tagsüber gerne unter flachen Steinen und Rindenstücken versteckt. Einige Stunden vor Ausschalten der Beleuchtung werden diese Tiere munter und sind dann bis in die späten Abendstunden zu beobachten.
Haltung: Terrarium (mindestens 1,2 m lang, 0,6 m breit und hoch) für ein Tier.
Als Bodengrund ist am besten mittelfeine Buchenspäne, Pinienborke oder ein Sand-Erdegemisch geeignet. Äste als Klettermöglichkeiten und eine Wasserschüssel vervollständigen das mit Verstecken ausgestattete Terrarium. Wie bei den anderen Schlangen, dient auch hier eine Leuchtstofflampe als Beleuchtung, wenn kein Spotstrahler als Wärmequelle dient. Weiterhin ist eine milde Bodenheizung erforderlich.
Klima: Bei Tagestemperaturen von 26 bis 28 °C und einer Abkühlung nachts auf Zimmertemperatur gedeihen die Tiere prächtig. Auch diese Tiere fühlen sich bei einer Luftfeuchte um die 65 % wohl.
Winterruhe: Von Mitte November bis Ende März bei circa 12 bis 14 °C.
Fortpflanzung: Auch diese Art ist Eier legend und legt im Mittel zwischen 5 und 9 Eier.
Sonstiges: Einzelpflege im Terrarium ist zwingend erforderlich. Von der Kalifornischen Kettennatter sind inzwischen mehrere ansprechende Farb- und Zeichnungsvarianten, wie High White, Albinos und Banana bekannt.
Auf ähnliche Art lassen sich auch die anderen Unterarten der Kettennatter pflegen.

Längsgestreifte Kalifornische Kettennatter

Rotgefleckte Strumpfbandnattern eignen sich auch für Anfänger der Schlangenpflege.

Rotgefleckte Strumpfbandnatter
(*Thamnophis sirtalis parietalis*)

Herkunft: Diese Wassernatter kommt im südöstlichen Britsh Columbia, Alberta und bis zur Grenze von Texas und Oklahoma vor.
Größe: Die Größe der Tiere variiert sehr stark und ist fundortabhängig. Im Mittel erreichen sie eine Größe von 70 cm bis zu 80 cm. Es sind aber auch Tiere mit fast 1 m bekannt. Männliche Tiere bleiben etwas kleiner als die kräftiger gebauten Weibchen.
Futter: Wassernattern lassen sich problemlos mit kleinen Fischen, wie Blaubandbärblingen und Moderlieschen, ernähren. Weiterhin nehmen sie nackte Mäuse und sehr gerne auch große Regenwürmer als Futter an. Eine abwechslungsreiche Fütterung ist zur Gesunderhaltung zwingend erforderlich.
Lebensweise: Als tagaktive Räuber jagen sie gerne Fische und Frösche in Wasseransammlungen und kleinen Teichen. Diese Schlangen sind stark an das Leben in Wassernähe angepasst und verstecken sich im Pflanzendickicht an den Ufern von Flüssen und Seen. Sehr gut lässt sich diese Art so den ganzen Tag über im Terrarium beobachten.
Haltung: Terrarium (minimum 1 m lang, 0,6 m tief und 0,6 m hoch), etwas mehr an Größe ist für diese aktiven Tiere sehr zu empfehlen. Für diese Wassernattern sollte ein Wasserbecken mit circa der Hälfte der Grundfläche und einer Tiefe von wenigstens 7 cm Wasserstand eingebaut werden. Um das Wasser sauber zu halten wird es entweder regelmäßig erneuert oder mittels eines Filters gereinigt. Den Bodengrund aus Pinienborke oder Kokoshumus-Sand Gemisch statten wir mit Unterschlupfmöglichkeiten aus Moos und Korkrinden aus. Als Beleuchtung dient eine Leuchtstofflampe. Beheizt wird mit einer kleinen Bodenheizung oder einer Glühlampe. Ein Strumpfbandnatternterrarium lässt sich mit echten Pflanzen sehr naturnah gestalten.
Klima: Tagestemperaturen zwischen 26 bis 29 °C bei einer nächtlichen Abkühlung um 5 bis 6 °C werden benötigt. Relative Luftfeuchte von 75 %.
Winterruhe: Von Mitte November bis Mitte März bei 12 bis 14 °C.
Fortpflanzung: Lebend gebärende Art, die bis zu 20 Jungtiere zur Welt bringt.
Sonstiges: Es gibt eine Menge unterschiedlicher Arten, die sich alle gleichgut für die Terrarienhaltung eignen. Leider werden auch hier immer noch viele Tiere als Wildfänge angeboten. Will man lange Zeit Freude an den Tieren haben, sollte man stets auf gesunde Nachzuchten zurückgreifen. Auch von dieser Natter sind zwischenzeitlich Albino und verschiedene Zuchtormen erhältlich.

Würfelnatter
(*Natrix tessellata*)

Diese Würfelnattern sonnen sich im Geäst. Foto: TFH-Archiv

Herkunft: Die Würfelnatter ist in Mittel-, Süd- und Ost-Europa und in Teilen Asiens verbreitet. In Deutschland existieren kleine, isolierte Populationen an den Flüssen Mosel, Lahn, Nahe, Ahr und an der Elbe.
Größe: Diese Wassernatter erreicht eine Größe von 70 cm bis hin zu über einem Meter.
Futter: Als Nahrung dienen auch ihr kleine Fische, wie Blaubandbärbling und Moderlieschen. Ein besonderer Leckerbissen sind Regenwürmer und gelegentlich Mäusebabys. In der Natur gehören auch die unterschiedlichen Frösche zum Nahrungsspektrum dieser Wassernatter. Um Mangelerscheinungen und Krankheiten vorzubeugen ist eine abwechslungsreiche, ausgewogene Fütterung notwendig.
Lebensweise: Die tagaktive Schlange hält sich vorwiegend im Wasser auf. Sie kann 20 Minuten und länger tauchen. Gerne sonnt sie sich auf, aus dem Wasser ragenden, Ästen. Sehr bewegungsfreudige Art.
Haltung: Terrarium (1,3 m lang, 0,6 m tief und 0,6 m hoch), auch hier gilt, je größer desto besser. Zum Wohlbefinden benötigen diese Schlangen ein großes Wasserbecken oder Aquaterrarium mit mindestens 10 cm Wasserstand. Das Wasser wird entweder regelmäßig erneuert oder mittels eines Filters gereinigt. Terrarienerde und Pinienborke ist ein gut brauchbarer Bodengrund. Weiterhin statten wir das Terrarium mit Unterschlupfmöglichkeiten aus Moos oder Rindenstücken aus. Ein Platz zum Sonnen sollte mit einer Glühlampe erwärmt werden. Als Beleuchtung kann zusätzlich eine Leuchtstofflampe dienen. Mit echten Pflanzen lässt sich so ein Biotopausschnitt gestalten, der eine artgerechte Pflege der Tiere ermöglicht. Eine Bodenheizung liefert nur während des Tages eine milde Wärme.
Klima: Tagestemperaturen zwischen 25 bis 28 °C bei einer nächtlichen Abkühlung auf 16 bis 18 °C sind einzustellen. Relative Luftfeuchte von 75 %.
Winterruhe: Von Mitte November bis Ende März bei circa 6 bis 9 °C.
Fortpflanzung: Die Art legt zwischen 12 und 20 Eier in warme Stellen (wie Uferhöhlungen in der Sonne) ab. Im Terrarium eignen sich Ablagestellen aus Moos.
Sonstiges: Die Würfelnatter steht in vielen Ländern unter Schutz, unter anderem in Deutschland, Österreich und der Schweiz. Bitte die Bestimmungen zum Artenschutz beachten. Sie gilt in Mitteleuropa als stark bedroht, in Deutschland existierten 2007 vermutlich nur noch einige hundert frei lebende Exemplare. Entscheidet man sich zur Pflege dieser Tiere, sollte man auch eine Nachzucht dieser anstreben. Bei mehreren Züchtern in Deutschland und Österreich sind regelmäßig gesunde Nachzuchten zu bekommen. Auf ähnliche Art und Weise lassen sich auch die unterschiedlichen Ringelnattern pflegen.

Afrikanische Hausschlangen eignen sich auf Grund ihrer Größe auch für kleinere Terrarien.

Afrikanische Hausschlange
(*Lamprophis fuliginosus*)

Herkunft: Über ganz Südafrika, ostwärts mit Ausnahme der Wüsten bis nach Äthiopien, Kenia bis in den südlichen Sudan und Ägypten. Im Norden vereinzelt bis nach Marokko. Die Hausschlange ist die weit verbreitetste Schlangenart Afrikas.

Größe: Männliche Tiere dieser Art erreichen eine Größe von rund 70 cm und bleiben somit kleiner und zierlicher als die bis zu 1,2 m groß werdenden Weibchen.

Futter: Als Nahrung werden Mäuse und Ratten der Größe der Tiere entsprechend gereicht. Als gieriger Fresser verschlingt diese Natter selbst tote und aufgetaute Beutetiere ohne Zögern.

Lebensweise: Erst in den Abendstunden, wenn die Dämmerung hereinbricht, wird diese kleine Natter aktiv und durchstreift die Savannen und Graslandschaften immer auf der Suche nach Beutetieren.

Haltung: Terrarium (1 m lang, 0,6 m breit und hoch) Als Bodengrund eignet sich Buchenspäne oder Pinienrinde. Auch ein Gemisch aus Pinienborke und Sand kann verwendet werden. Einige Kletteräste und ein Unterschlupf vervollständigen die Einrichtung. Als Trink- und Badegefäß dient eine kleine Wasserschale.
Um einen natürlichen Tag-Nachtzyklus zu gewährleisten beleuchten wir das Terrarium zweckmäßigerweise mit einer Leuchtstofflampe. Nach der Fütterung wird gerne eine mild erwärmte Bodenstelle aufgesucht.

Klima: Bei Tagestemperaturen von 27 °C bis 29 °C und einer Abkühlung nachts auf 22 °C fühlen sich die Tiere wohl. Die Luftfeuchte sollte bei 40 bis 50 % liegen. Wie sich ja aus dem Verbreitungsgebiet ableiten lässt, hält die Hausschlange keine Winterruhe, dafür mitunter Sommerruhe.

Fortpflanzung: Diese Schlange kann im Jahr mehrere Gelege mit je bis zu 18 Eiern absetzen.

Sonstiges: Sehr gutes Anfängertier, auch für Jugendliche. Die Tiere sind in den verschiedensten Farben zu bekommen. Zwischenzeitlich sind sogar sehr ansprechend gefärbte albinotische Tiere, die allerdings meist noch recht teuer sind, erhältlich. In großen Stückzahlen wird auch diese Art nach Deutschland importiert. Für die Terrarienpflege sind Nachzuchten jedoch immer besser geeignet.

Raue Grasnatter und Glatte Grasnatter
(*Opheodrys aestivus*) und
(*Opheodrys vernalis*)

Herkunft: Diese beiden Arten stammen aus den Gebieten um New Jersey bis Kanada und Nordostmexiko. Die Raue Grasnatter ist gut für eine Pflege im Terrarium geeignet. Die Pflege der Glatten Grasnatter hingegen sollte einigen Spezialisten vorbehalten bleiben.

Größe: Diese schlanken Nattern erreichen eine Größe von 80 cm bis zu einem Meter.

Futter: Grasnattern ernähren sich von allerlei Insekten wie Grillen und Heuschrecken. Um eine ausreichende Vitaminversorgung sicherzustellen werden die Futtertiere alle zwei Wochen mit einem Vitamin- und Kalziumpräparat bestäubt.

Lebensweise: Dieser attraktive Busch- und Strauchbewohner ist nur in Wassernähe anzutreffen. Als tagaktiver Lauerjäger verfügt sie über einen guten Sehsinn. Als Versteck dient die dichte Vegetation in Gewässernähe. So ist sie auch noch auf höheren Bäumen und Sträuchern zu finden.

Haltung: Terrarium (1 m lang, 0,6 m breit und 1 m hoch), ein größeres Terrarium ist anzuraten, da die Tiere gerade in der Eingewöhnungsphase oftmals sehr hektisch reagieren.

Das Terrarium wird mit Kletterästen und dicht wachsenden Pflanzen gestaltet, die von den zierlichen, schlanken Tieren nicht beschädigt werden. Selbstverständlich lassen sich auch hier Kunstpflanzen verwenden. Terrarienerde als Bodengrund ist ein guter Wasserspeicher und die Luftfeuchtigkeit lässt sich leichter auf den gewünschten Werten halten. Um die nötige Temperatur zu erreichen empfiehlt sich der Einsatz einer milden Bodenheizung. Das Pflanzenwachstum wird durch eine ausreichende Beleuchtung mit mehreren Leuchtstofflampen gefördert. Ein großes Wasserbecken ist zur Pflege dieser Art unumgänglich und dient den Tieren auch zum Schwimmen.

Klima: Die Temperaturen sollten tagsüber bei 23 °C bis 28 °C, punktuell bis zu 32 °C liegen und nachts auf 17 °C abfallen. Luftfeuchtigkeitswerte um die 50 % bis 60 % sind anzustreben. Um in Paarungsstimmung zu kommen, benötigt auch diese Art eine Winterruhe von zwei bis drei Monaten.

Fortpflanzung: Es werden zwischen 5 und 12 Eier abgelegt, meist in der Erde.

Sonstiges: Wie ja aus dem Namen schon ersichtlich, so besitzt die Raue Grasnatter raue Schuppen und die Glatte Grasnatter natürlich glatte Schuppen. Wildfänge dieser Art sind im Terrarium sehr hektisch und nur schwer zu pflegen. Besonders von den Glatten Grasnattern sind kaum Nachzuchten zu bekommen. Die Raue Grasnatter hingegen ist ein guter Pflegling und regelmäßig auch als Nachzucht erhältlich. Aufgrund ihrer Ernährungsweise eignen sich diese Nattern auch für den Schlangenfan, der keine Mäuse, Ratten und Fische verfüttern will.

Wer Grasnatten pflegen möchte, sollte bereits Erfahrung mit anderen Schlangen gesammelt haben. Foto: TFH-Archiv

Nachzuchten des Königspythons sind pflegeleichte Terrarientiere.

Königspython
(*Python regius*)

Herkunft: Dieser Afrikaner kommt aus den Steppen- und Savannengebieten Togos und Ghanas, wo er überwiegend die Trockenwälder und Steppengebiete bewohnt.
Größe: Könige, wie sie umgangssprachlich auch genannt werden, erreichen eine Größe von durchschnittlich 1,3 m. Es gibt aber auch einige Exemplare, die bis zu 1,8 m groß werden können.
Futter: Königspythons sind in der Natur auf Springmäuse als Nahrung spezialisiert. Terrariennachzuchten lassen sich aber ohne Probleme mit Mäusen und Ratten in entsprechender Größe ernähren. Gut eingewöhnte Tiere nehmen selbst tote und aufgetaute Futtertiere ohne Zögern an. Einige Tiere wollen aber absolut nicht an tote Beutetiere gehen und müssen so mit lebenden Nagern gefüttert werden.
Lebensweise: Als dämmerungsaktiver Bewohner von Gras- und Strauchlandschaften benötigen die Tiere einige Versteckmöglichkeiten. In der Natur wählen sie als Aufenthaltsort oftmals Nagetierbauten oder Termitenhügel.
Haltung: Terrarium (1,3 m lang, 0,6 m breit und 0,8 m hoch)
Das Terrarium wird mit Kletterästen und Kunstpflanzen gestaltet. Pinienborke oder ein Gemisch dieser mit Sand ist ein idealer Bodengrund. Als Trink- und Badegefäß dient eine kleine Wasserschale. Für diese dämmerungsaktiven Schlangen genügt eine Beleuchtung mit Leuchtstofflampen um einen Tag-Nacht-Zyklus zu erreichen. Die nötige Bodentemperatur wird mit einer milden Heizmatte oder einem Heizkabel erreicht. Zur Erwärmung der Luft eignen sich die bereits erwähnten Dunkelstrahler. Ein immer leicht feuchter Unterschlupf wird von den Tieren gerne aufgesucht und ermöglicht eine problemlose Häutung.
Klima: Bei Tagestemperaturen von 29 °C bis 32 °C und einer Abkühlung nachts auf 26 °C fühlen sich die Tiere wohl. Luftfeuchtewerte von 60 % bis 75 % sind einzustellen. Leicht herabgesetzte Temperaturen und Luftfeuchtigkeitswerte während der Wintermonate bringt die Tiere im Frühling in Paarungsbereitschaft.
Fortpflanzung: Von den bis zu 7 cm langen Eiern werden bis zu 9 Stück in zweijährigem Rhythmus abgelegt.
Sonstiges: Diese Tiere werden häufig angeboten, leider oftmals auch Wildfänge in schlechtem Gesundheitszustand. Erwirbt man Nachzuchten, so geht man von vornherein vielen Unannehmlichkeiten und Schwierigkeiten aus dem Weg. Auch von diesen Tieren gibt es mittlerweile viele Farbformen, die Preise eines Kleinwagens oder mehr erzielen.

Grüner Baumpython
(*Morelia viridis*)

Herkunft: Der Grüne Baumpython kommt von einigen Inseln, die Australien vorgelagert sind. Nach diesen Fundorten sind auch die entsprechenden Namen gewählt. So sind Arus, Sorongs, Mankowani, Biak und noch viele weitere bekannt.
Größe: Diese Baumbewohner erreichen eine durchschnittliche Größe von 1,3 m. Einige Tiere können auch bis zu 1,6 m groß werden.
Futter: In der Natur besteht die Nahrung dieser Schlangen überwiegend aus Vögeln und Baum bewohnenden Beutelratten. Im Terrarium lassen sie sich ohne Probleme mit Mäusen und Ratten ernähren, die auch tot oder aufgetaut akzeptiert werden.
Lebensweise: Dieser dämmerungs- und nachtaktive Baumbewohner reagiert manchmal etwas bissig, wenn während der Abendstunden im Terrarium hantiert wird. Pflegearbeiten erledigt man besser während des Tages. Mit seinen langen Zähnen ist er in der Lage, einem Menschen stark blutende Wunden zuzufügen.
Haltung: Terrarium (1,3 m lang, 0,6 m breit und 1,2 m hoch)
Um der baumbewohnenden Lebensweise dieses attraktiven Pythons gerecht zu werden, wird das hohe Terrarium mit reichlich Kletterästen und Kunstpflanzen gestaltet. Ein geeigneter Ruheplatz für die Tiere kann leicht geschaffen werden, wenn man die Äste, im Durchmesser des Schlangenkörpers, waagerecht montiert. Damit der Bodengrund bei der hohen Luftfeuchtigkeit nicht schimmelt, wird Pinienborke oder ein Gemisch aus Pinienborke und Terrarienerde als Bodengrund verwendet. Da diese Pythons selten aus einer Wasserschale trinken und baden, ist es also nicht ausreichend, wenn nur ein kleines Trinkgefäß im Terrarium steht. Eine kleine Heizmatte spendet örtlich eine milde Wärme. Mit einer Leuchtstofflampe lässt sich das Terrarium des Grünen Baumpythons beleuchten. Zur Aufrechterhaltung der nötigen Lufttemperatur wird ein Keramikheizstrahler verwendet.

Typische Ruhestellung während des Tages.

Klima: Tagestemperaturen von 29 °C bis 32 °C und eine Abkühlung nachts auf 26 °C sind einzustellen. Luftfeuchte von 70 % bis 95 %. Aufgrund des Verbreitungsgebietes benötigen diese Schlangen keine Winterruhe.
Fortpflanzung: Auch diese Art legt zwischen 14 und 25 Eier ab. Die Grünen Baumpythons legen sich nach der Eiablage um die Eier und bebrüten diese. Viele Züchter belassen so das Gelege bei den Weibchen.
Sonstiges: Wildfänge dieser Tiere bereiten oftmals erhebliche Schwierigkeiten bei der Pflege. Nachzuchttiere sind dagegen völlig problemlos. Diese Schlangen machen einen erstaunlichen Farbwechsel durch. So sind sie beim Schlupf meist gelb oder rot gefärbt. Die ansprechende grüne Färbung bekommen sie erst im Alter von sechs bis zwölf Monaten, oftmals geschieht dies über Nacht.

Jungtier des Gefleckten Zwergpythons

Gefleckter Zwergpython
(*Antaresia childreni*)

Herkunft: Der gefleckte Zwergpython ist in Nord Australien, im Westen von Queensland und in großen Teilen des Northern Territory beheimatet.
Größe: Diese häufig auch in der Nähe von Siedlungen anzutreffende Schlange erreicht eine Größe von 80 cm bis zu 1,1 m.
Futter: Der Gefleckte Zwergpython ist kein Kostverächter und geht ohne Probleme an Mäuse und kleine Ratten. Auch tote und aufgetaute Futtertiere werden ohne Zögern angenommen und in bekannter Manier umschlungen, ehe sie hinuntergewürgt werden.
Lebensweise: Überwiegend ist diese Art in offenen Wäldern, aber auch in Regenwäldern und Graslandschaften anzutreffen. Sie lebt versteckt unter Rinden und Wurzeln und kommt erst abends aus ihrem Verstecken.
Haltung: Terrarium (1 m lang, 0,6 m breit und 0,6 m hoch)
Für den Bodengrund in einer Höhe von 5 cm verwenden wir ein Gemisch aus Sand und Terrarienerde oder die bekannte Pinienborke. Ganze Korkröhren werden gerne als Versteckplatz angenommen. Einige Äste tragen dem Bewegungsbedarf der Tiere Rechnung. Obwohl diese Art nur selten das Wasser aufsucht, so ist stets eine Schale mit frischem Wasser anzubieten. Als Beleuchtung dient wieder die bekannte Leuchtstofflampe und ein Wärmestrahler bringt die Luft auf die gewünschte Temperatur.
Klima: Tagestemperaturen von 27 °C bis 31 °C und eine Abkühlung nachts auf 23 °C sind einzustellen. Die Werte der Luftfeuchtigkeit werden bei 60 % bis 70 % gehalten. Auch diese Schlangen benötigen keine Winterruhe.
Fortpflanzung: Eierlegende Schlangen, die jährlich bis zu 25 Eier ablegen, aus denen dann die 15 bis 23 cm großen Jungtiere schlüpfen.
Sonstiges: Wildfänge dieser Tiere sind nicht erhältlich, da aus Australien keine Tiere mehr ausgeführt werden. Nachzuchten hingegen sind regelmäßig zu bekommen. Auf ähnliche Art lassen sich auch *Antaresia muculosa* und *Antaresia perthensis* pflegen. Diese werden aber geringfügig größer als der Gefleckte Zwergpython.

Ägyptische Sandboa
(*Gongylophis colubrinus*)

Herkunft: Das Hauptverbreitungsgebiet dieser Art ist Nordostafrika sowie Teile der arabischen Halbinsel. Dort werden die trockenen Halbwüsten und Steppengebiete bewohnt.
Größe: So wie bei vielen anderen Arten auch, bleiben die Männchen dieser Art mit rund 50 cm deutlich kleiner als die bis zu 80 cm groß werdenden, kräftigen Weibchen.
Futter: Zur Ernährung dieser kleinwüchsigen Schlangen werden mittelgroße Mäuse (Springer) und Rattenbabys verwendet. Diese werden auch tot und als Frostfutter ohne Schwierigkeiten akzeptiert.
Lebensweise: Selten bekommt man diese kleine Boa am Tage zu sehen. So versteckt sie sich meist im warmen Sand oder unter flach liegenden Steinen und unter Sträuchern. Trotz ihrer versteckten Lebensweise klettern auch diese Boas gelegentlich auf kleine Bäume, um sich in den Morgenstunden zu sonnen.
Haltung: Terrarium (1 m lang, 0,6 m breit und 0,6 m hoch)
Für diese Bodenbewohner verwenden wir entweder Sand oder feine Buchenspäne als Bodengrund, der in einer Höhe von mindestens 12 cm eingebracht wird. Einige Kletteräste, Steine und Kunstpflanzen machen das Terrarium komplett. Als Trink- und Badegefäß dient eine kleine Wasserschale. Um den Sand zu erwärmen, setzen wir eine Heizmatte oder ein Heizkabel ein. Das Terrarium wird mittels einer Leuchtstofflampe beleuchtet. Für die nötigen Lufttemperaturen sorgt ein Elsteinstrahler oder eine Strahlerglühbirne, die über ein Thermostat gesteuert werden.

Gongylophis columbrinus loveridgei eignen sich sehr gut für eine Pflege im Terrarium Foto: TFH-Archiv

Klima: Tagestemperaturen von 29 °C bis 34 °C sind einzustellen, bei einer nächtlichen Abkühlung um 5 °C. Luftfeuchtewerte von 40 % bis 50 % sind anzustreben. Eine Winterruhe ist bei diesen Schlangen nicht von Nöten.
Fortpflanzung: Diese Art bringt bis zu zwölf Jungtiere zur Welt. Nicht immer sind diese bei der Geburt so groß, dass sie bereits Mäusebabys fressen können.
Sonstiges: Diese Art wird in letzter Zeit häufig nachgezogen und sogar schwarze Tiere und Albinos sind jetzt zu bekommen. Um Fütterungsproblemen aus dem Weg zu gehen, sollte der Anfänger nur futterfeste Tiere erwerben, die in der Lage sind bereits etwas größere nestjunge Mäuse zu fressen. Auf ähnliche Art lassen sich auch die anderen Sandboaarten pflegen.

Rosenboas im Terrarium
Foto: TFH-Archiv

Rosenboa
(*Charina trivirgata trivigata*)

Herkunft: Nord- und Südkalifornien zählt zu den Hauptverbreitungsgebieten dieser Tiere. Selbst in Teilen Arizonas und Mexikos sind sie noch zu finden.

Größe: Meist werden diese Tiere um die 90 cm groß.

Futter: Beutetiere in Form von Mäusen und großen Rattenbabys werden von den Schlangen auch tot angenommen. Eine Ernährung mit Frostfutter gelingt auch hier problemlos.

Lebensweise: Diese gern grabenden kleinen Boas bewohnen die Trockensavannen und Hügellandschaften. Erst in den Abendstunden gehen sie auf Beutejagd.

Haltung: Terrarium (1 m lang, 0,6 m breit und 0,6 m hoch)
Ein Gemisch aus Sand und Kokosfasererde oder feinen Buchenspänen eignet sich gut als Bodengrund. Da auch diese Tiere gelegentlich klettern, montieren wir einige Äste oder erhöhte Ablagen. Korkröhren oder flache Steine dienen den Schlangen als Unterschlupf. Beleuchtet wird das Terrarium mit einer Leuchtstofflampe. Um auch hier die nötige Bodentemperatur zu erreichen wird eine milde Bodenheizung eingebaut.

Klima: Tagestemperaturen von 26 °C bis 30 °C sind notwendig. Nachts kann die Temperatur auf 20 °C abfallen. Die Luftfeuchte sollte um die 40 % liegen. Während der Wintermonate werden die Beleuchtungsdauer und die Temperatur geringfügig herabgesetzt.

Fortpflanzung: Pro Wurf werden bis zu fünf Jungtiere geboren. Diese sind meist sehr kräftig und gehen ohne Schwierigkeiten ans Futter.

Sonstiges: Diese Art scheidet bei Bedrohung eine übel riechende Flüssigkeit aus den Postanaldrüsen aus. Auch die anderen Unterarten der Rosenboas sind ausgezeichnete Terrarientiere, die leicht zu pflegen sind. Beim Erwerb müssen die benötigten Papiere vorhanden sein. Leider gibt es immer weniger Züchter dieser interessanten Tiere.

Pazifikboa
(*Candoia carinata*)

Leider ist es sehr schwierig, solch gesunde Tiere zu bekommen. Foto: TFH-Archiv

Herkunft: Die Pazifikboas bewohnen den asiatischen Raum und die dazugehörigen Inseln. Die meisten bei uns erhältlichen Tiere kommen von Neuguinea, und den indonesischen Inseln.
Größe: Die Männchen erreichen meist eine Größe von bis zu 70 cm. Die Weibchen hingegen können stattliche 1,3 m groß werden.
Futter: Beutetiere in Form von Mäusen und großen Rattenbabys werden von den Schlangen auch tot angenommen. Eine Ernährung mit Frostfutter gelingt auch hier problemlos, wenn die Tiere eingewöhnt sind. Wildfangtiere bereiten auch hier oftmals Probleme mit der Nahrungsaufnahme. In der Natur ernähren sich diese Tiere nämlich auch von kleinen Echsen.
Lebensweise: Diese gern grabenden kleinen Boas bewohnen die Trockensavannen und Hügellandschaften. Erst in den Abendstunden gehen sie auf Beutejagd.
Haltung: Terrarium (1 m lang, 0,6 m breit und 0,6 m hoch)
Ein Gemisch aus Sand und Kokosfasererde oder feiner Pinienborke eignet sich gut als Bodengrund. Um dem Kletterbedürfnis nachzukommen, werden einige Wurzeln und Äste im Terrarium installiert. Gerne werden Korkröhren oder flache Steine als Unterschlupf angenommen. Als Beleuchtung dient eine Leuchtstofflampe in Kombination mit einer Glühlampe, welche die nötige Wärme liefert. Der Boden wird mit einer lokalen Bodenheizung mild erwärmt.
Klima: Tagestemperaturen von 26 °C bis 28 °C sind notwendig. Punktuell können die Temperaturen bis zu 32 °C erreichen. Nachts sollte die Temperatur um 4 bis 7 °C abfallen. Die Luftfeuchte sollte nicht zu niedrig sein und um die 70 % liegen.
Fortpflanzung: Pro Wurf werden um die fünf Jungtiere geboren. Diese sind meist sehr klein so um die 10 cm. Die erstmalige Nahrungsaufnahme gestaltet sich deshalb oftmals als äußerst schwierig.
Sonstiges: Auf ähnliche Art lassen sich auch die anderen Unterarten der Pazifikboa pflegen. Es gestaltet sich aber als äußerst schwierig, hier an gesunde Tiere zu kommen.

In einer solchen Styroporbox sind die Tiere vor Zugluft und gefährliche Temperaturschwankungen geschützt. Sie sollte immer mit zum Schlangenkauf genommen werden.

Transport

Die Wunschschlange ist ausgewählt. Eine ideale Bezugsquelle ist gefunden. Wenn das Tier einem Gesundheitscheck (siehe Seite 37/38) unterzogen wurde, kann es an den Kauf und Heimtransport unserer Schlange gehen. Unvorbereitet sollte man allerdings nicht zum Schlangenkauf gehen. Denn sinnvoller weise transportiert man die Schlange in einer Styroporbox, geschützt vor Zugluft und Temperaturschwankungen, gut und sicher nach Hause. Der Händler oder Züchter wird die ausgewählte Schlange sicher in ein entsprechendes Transportgefäß verpacken. Hierfür werden üblicherweise Leinensäckchen, die mittels Klebeband verschlossen werden, verwendet. Bevor man die Schlange in dieses hinein gibt, sollte man die Nähte überprüfen, indem man mit der Faust von innen gegen diese drückt. Eine Schwachstelle kann sonst schnell von den Tieren zur Flucht genutzt werden. Einmal verwendete Leinensäckchen müssen erst gewaschen werden, bevor sie erneut Verwendung finden. So wird verhindert, dass Krankheiten oder Parasiten übertragen werden. Hat man einen etwas längeren Heimweg, so packt man noch zusätzlich eine Wärmflasche mit temperiertem Wasser oder ein so genanntes Heatpack in die Transportbox, um ein Auskühlen dieser zu vermeiden. Ein Versand von Reptilien darf nur durch einen geeigneten Tierversand erfolgen. In einem temperierten Fahrzeug werden die Tiere beim Händler abgeholt und dann meist über Nacht zum Empfänger gebracht. So sollte unser neuer Terrarienbewohner auch in diesem Falle wohlbehalten bei uns zu Hause ankommen.
Nachdem wir die Schlange behutsam in ihr Terrarium (Quarantäne beachten) gesetzt haben, gönnen wir ihr einige Tage Ruhe, ehe wir versuchen, sie das erste Mal zu füttern, so dass sie sich gut in ihrer neuen Umgebung einleben kann.

Üblicherweise werden Schlangen zum Transport in einen Stoffsack gepackt.

Umgang mit Schlangen

Schlangen sind keine Schmusetiere wie Hund und Katze. Es spricht aber nichts dagegen, wenn sie von Zeit zu Zeit in die Hand genommen werden. Dies ist ohnehin unumgänglich, da ja in gewissen Zeitabständen der Gesundheitszustand der Schlange kontrolliert werden muss. Schlüpflinge oder Tiere, die jünger als ein halbes Jahr alt sind, neigen oft rasch dazu, nach der Hand des Pflegers zu schnappen. Aber keine Angst, die kleinen Zähne der Tiere sind nicht in der Lage eine gefährliche Wunde zu verursachen. Meist kommt es nur zu ein oder zwei kleinen Bluttropfen. Kommt es zu einer solchen Abwehrreaktion der Schlange, so lassen wir sie für einige Tage in Ruhe, ehe wir es erneut versuchen. Dieses bissige Verhalten legen die meisten Schlangen im Alter von einem Jahr ab. Einige Arten, wie die Rosenboa, Strumpfbandnatter und Würfel-

Wer Schlangen sicher in der Hand halten möchte, sollte ihnen immer die Möglichkeit geben sich selbst festzuhalten. Nur so werden die Tiere ruhig und reagieren nicht hektisch.

natter sind in der Lage, zur Abwehr ein übel riechendes Sekret aus den Analdrüsen abzusondern, das wie Pech an Händen oder Kleidungsstücken zu kleben scheint und sich nur schwer abwaschen lässt.

Vorsicht ist immer geboten, wenn man im Terrarium von hungrigen Schlagen, wie beispielsweise Baumpythons, hantiert. Denn schnell kann es einmal zu einer Verwechslung der Hand mit einem Futtertier kommen, vor allem, wenn an den Händen noch Duftspuren von Mäusen, Ratten oder Meerschweinchen haften. Um dies zu vermeiden, kann man die Schlange vorsichtig mit einem Stück Rinde oder einem Ast abschirmen und sie zuerst an diesen Gegenständen züngeln lässt, damit sie erkennt, dass es sich nicht um eine Fütterung handelt.

So haben es sich viele Schlangenpfleger zur Gewohnheit gemacht, die Hände mit Alkohl zu reinigen, bevor sie in das Terrarium einer Schlange greifen.

Sollte es trotz aller Vorsichtsmaßnahmen einmal zu einer Bissverletzung mit einer ungiftigen Schlange kommen, ist es ausreichend, die Wunde zu desinfizieren und eventuell eine Wundheilsalbe aufzutragen. Nicht selten brechen bei solchen Abwehrbissen auch einige Zähne der Schlange aus, die dann in der Wunde zurückbleiben. Werden diese nicht mit einer Pinzette entfernt, beginnen sie meist nach wenigen Tagen zu

So hebt man eine Schlange sicher aus ihrem Terrarium.

eitern. Falls sich die Verletzung entzündet, so sollte immer ein Arzt aufgesucht werden. Schlangen werden in der Mitte des Körpers vorsichtig ergriffen und aufgehoben. Die zweite Hand stützt den restlichen Körper des Tieres. Eine Schlange wird stets versuchen, sich an dem Arm oder der Hand des Pflegers festzuhalten, ähnlich wie an einem Ast. Wenn sich die Schlange nun bewegt, so lassen wir sie behutsam durch unsere Hände kriechen. Muss die Schlange zur genaueren Untersuchung fixiert werden, so wird das Tier mit Daumen und Mittelfinger direkt hinter dem Kopf ergriffen während die andere Hand den Rest des Körpers wieder stützt. So kann man sie gut festgehalten, ohne dass sie in der Lage ist uns zu beißen. Ebenso behutsam setzen wir das Tier danach wieder in das Terrarium zurück.

Beachte:

- Schlangen sind keine Schmusetiere, sondern benötigen zu ihrem Wohlbefinden Wärme, Geborgenheit und auch Ruhe.
- Junge Schlangen und Schlüpflinge sind sehr wendig und schnell. Sie winden sich schnell aus der Hand des Pflegers und flüchten.
- Jungtiere neigen leichter dazu, in die Hand des Pflegers zu beißen.
- Arten, die ein übel riechendes Sekret aus den Analdrüsen abgeben, sollten nur bei Bedarf gehändelt werden.
- Vorsicht bei hungrigen Nattern oder wenn es im Raum nach Futtertier riecht.
- Niemals mit Händen, die nach Futtertier riechen, die Tiere ergreifen.
- Hände desinfizieren.
- Schlange vorsichtig hochheben und den restlichen Körper stützen.
- Schlangen nie fest in der Hand halten oder drücken. Vielmehr locker durch die Hände gleiten lassen.

So fixiert, hat die Schlange nicht die Möglichkeit zuzubeißen. Jetzt kann man gut den Gesundheitszustand des Tieres überprüfen.

Ernährung

In der Natur haben Schlangen ein breites Beutespektrum, das von Insekten, Amphibien, Echsen, Vögeln, Kleinsäugern bis hin zu anderen Schlangen und deren Eiern reicht. Für die Ernährung von Terrarientieren hingegen eignen sich überwiegend leicht zu beschaffende Beutetiere wie Mäuse, Ratten, Fisch und Futterinsekten. Da alle einheimischen Kriechtiere und Amphibien geschützt sind, versteht es sich von selbst, dass man auf das Verfüttern dieser verzichtet.

Im Gegensatz zu vielen anderen Tieren, wie beispielsweise den Säugetieren, sind Schlangen nicht auf eine tägliche Futteraufnahme angewiesen, da sie keine Energie für den Wärmehaushalt des Körpers aufwenden müssen. Ihnen genügt es, wenn sie alle ein bis zwei Wochen genügend Nahrung erhalten. Eine Ausnahme stellen die Wassernattern, die sich von Fisch ernähren, und die Insekten fressenden Schlangen dar. Sie haben einen höheren Stoffwechsel als andere und müssen deshalb auch häufiger gefüttert werden.

Die meisten Schlangen lassen sich im Terrarium mit toten Beutetieren ernähren. Hier wird gerade eine kleine Ratte verspeist.

Fische für Wassernattern sollten nur minimal größer als der Kopf der Tiere sein.

Wie und was wird gefüttert?
Alle Schlangen bevorzugen als Beute nur Fleisch in Form von Fisch, Insekten und Nagetieren. Wenngleich auch einige Berichte in der Presse publik wurden denen zufolge einige Schlangen auch Döner und Salat fraßen, stellt dies jedoch keine artgerechte und gesunde Ernährung der Tiere dar und bedarf keiner Nachahmung.

Fast alle Schlangen lassen sich im Terrarium an abgetötete Beutetiere gewöhnen. Diese können problemlos eingefroren und wieder aufgetaut werden. Im Handel und über das Internet sind gefrostete Futtertiere das ganze Jahr über zu bekommen. Schockgefrostet verlieren sie nur wenig an Vitaminen und man hat immer das benötigte Futtertier in entsprechender Größe vorrätig. Werden sie handwarm aufgetaut angeboten akzeptieren fast alle Schlangen diese Beutetiere.

Neben Mäusen und Ratten bieten Vielzitzenmäuse, Gerbils und Wüstenrenner eine willkommene Abwechslung im Speiseplan. Immer wieder werden auch Eintagsküken als Schlangenfutter angeboten. Recht nährstoffarm eignet sich dieses preiswerte Futter nur bedingt für die Ernährung unserer Schlangen. Auch die Ausscheidungen der Tiere weisen nach dem Verfüttern von Eintagsküken einen strengen Geruch auf.

Von einigen Schlangenpflegern ist zu hören, dass Schlangen mit lebenden Beutetieren gefüttert werden sollten um den Jagdtrieb aufrecht zu erhalten. Davon kann ich nur abraten. Schnell kann es zu einem Abwehrbiss des Nagers kommen und die Schlange kann erhebliche Verletzungen davontragen. Dies tritt vor allem dann ein, wenn die Schlange nicht bald Interesse an dem Beutetier zeigt. Die beiden können sich ja im

Terrarium nicht aus dem Weg gehen. Zudem wird weiterhin der Beute unnötiger Stress und der Todeskampf erspart. Sicherlich gibt es immer einige Schlangen, die sich partout nicht an tote Beutetiere gewöhnen lassen. In diesem Fall ist die Fütterung mit lebenden Nagern genau zu überwachen. Wenn die Schlange nicht bald Interesse an dem Beutetier zeigt, ist dieses wieder aus dem Terrarium zu entfernen. Oftmals hilft es schon, die Tiere erst kurz vor dem Ausschalten der Beleuchtung zu füttern und das ausgewählte Futtertier (auch Frostfutter) wird sofort angenommen. Lebende Futtermäuse und Ratten sind in jedem guten Zoofachgeschäft zu beziehen. Wer regelmäßig größere Mengen von Mäusen und Ratten benötigt, wird sich früher oder später mit der Zucht von Nagetieren beschäftigen. Diese stellt allerdings eine erhebliche Geruchsbelästigung dar, und auch die Versorgung dieser nimmt viel Zeit in Anspruch.

Idealerweise hält man das Futter mit einer langen Pinzette der Schlange vor das Maul. Bei zögerlich fressenden Tieren kann man die Futtermaus oder Futterratte auch auf einen Blumenuntersetzer legen. Selbst wenn das Futtertier bereits abgetötet ist, wird es umschlungen und erdrosselt. Erst nach einigen Minuten löst die Schlange ihre Umschlingung und beginnt den Kopf zu suchen, denn gewöhnlich werden die Beutetiere mit Kopf voran hinuntergewürgt. Ist das Futtertier im Magen angelangt, „gähnt“ die Schlange einige Male um die Bänder im Maulbereich wieder in Normalposition zu bringen.

An Wasser bewohnende Schlangen lassen sich Fische auch lebend verfüttern, da ja keine Gefahr von diesen ausgeht. Eine überwiegende Ernährung mit karpfenartigen Fischen kann zu einer Unterversorgung mit wichtigen Vitaminen führen. Auch fischfressende Nattern brauchen Abwechslung

Hat eine Schlange das Beutetier so weit verschlungen wie diese Kornnatter, wird es jetzt durch Muskelkontraktionen in den Magen befördert.

in ihrem Speiseplan und fressen mitunter Mäuse- und Rattenbabys, oder große Würmer, wie sie im Angelbedarf erhältlich sind. Für alle, die sich nicht zur Verfütterung von Wirbeltieren durchringen können, hält die Natur eine Insekten fressende Natter bereit. Dabei ist zu beachten, dass Heuschrecken und Grillen aus der Futtertierzucht nur wenig Vitamine und Calzium enthalten. Um die Schlangen auch ausreichend mit lebenswichtigen Spurenelementen zu versorgen, müssen bereits die Futterinsekten ausgewogen ernährt werden. Alle zwei Wochen werden zusätzlich die Beutetiere mit etwas Vitamin- und Kalziumpulver vor der Verfütterung bestäubt. Alle Insektenarten werden stets lebend verfüttert. Nicht gefressene Futtertiere werden nach ein bis zwei Stunden wieder entfernt.

Beachte:

- Tote Futtertiere werden immer handwarm verfüttert.
- Lebende Nager zeitig wieder aus dem Terrarium entfernen, wenn die Schlange kein Interesse zeigt.
- Mit einer langen Pinzette lässt sich das tote Beutetier gut anbieten.
- Sind die Nagetiere gut und ausgewogen ernährt, werden keine Futterzusätze benötigt.
- Fischfresser können auch mit lebenden Futtertieren gefüttert werden, wenn sichergestellt ist, dass diesen dadurch kein Leid zugefügt wird und sie die Wasserwerte aus dem Wasserbecken auch vertragen.
- Fisch sollte immer frei von etwaigen Medikamenten sein, wie sie oft in Aquarien Anwendung finden.
- Heuschrecken und Grillen immer ausgewogen und gesund mit viel Gemüse ernähren.
- Insekten fressende Schlangen benötigen Futterzusätze in Form von Vitaminen und Kalzium.

Problemlos wird diese junge Kettennatter auch mit einer etwas größeren Maus fertig. Werden allerdings zu häufig zu große Futtertiere gereicht, kann dies zu Erbrechen oder auch zu einer Nahrungsverweigerung führen.

Wie oft sollten wir füttern?

Die Häufigkeit der Nahrungsaufnahme von Schlangen ist ein oft heftig umstrittener Punkt. In der Literatur sind so häufig gegensätzliche Meinungen zu lesen. Aber keine Sorge, so schlimm ist das auch wieder nicht. Der aufmerksame Schlangenpfleger wird schon nach kurzer Zeit von selbst erkennen, wann sein Tier Hunger hat oder wie groß das Futtertier sein sollte.

Hier einige Fütterungsempfehlungen, die sich beim Autor seit vielen Jahren bewährt haben:

Frisch geborene Schlangen füttert man am besten einmal wöchentlich mit einem Beutetier. Dieses sollte nicht viel größer als der Kopf der Schlange sein. Jungtiere ab einem Jahr erhalten alle zehn Tage ein oder zwei Beutetiere in entsprechender Größe. Ist unser Pflegetier erst einmal zwei Jahre oder älter genügt es, wenn wir alle 10 bis 14 Tage ein oder mehrere Beutetiere der Größe der Schlange entsprechend anbieten. Während der Häutungsphase wird nicht gefüttert, auch wenn viele Schlangen von sich aus noch Nahrung annehmen würden.

Fisch und Insekten fressende Schlangen benötigen ein etwas kürzeres Fütterungsintervall. So bekommen junge Nattern dieser Arten etwa alle 5 Tage, einjährige Tiere alle 7 Tage und adulte Tiere alle 10 Tage einige Beutetiere.

Zu einem gesunden Wachstum und der ausgewogenen Ernährung gehört eine zurückhaltende und sinnvolle Fütterung. Etwas weniger ist häufig besser als etwas zu viel. Immer wieder ist von Schlangenpflegern zu hören, dass ihre Kornnatter im Alter von einem Jahr bereits 80 cm oder größer ist. Solche Tiere haben meist nur eine kurze Lebenserwartung, und es werden sich bald die ersten Organschäden bemerkbar machen.

Etwas weniger ist immer besser als etwas mehr. Dieses Tier ist mit nun rund 1,2 m Länge 4 Jahre alt und paart sich seit einem Jahr sehr erfolgreich mit Weibchen.

Achtung

Etwas zu wenig ist besser als etwas zu viel. Dies soll aber keinesfalls heißen, dass wir unsere Schlange vernachlässigen dürfen. Tiere, die nur sehr unregelmäßig Nahrung bekommen, wachsen sehr schlecht und zeigen auch im adulten Zustand kaum eine Bereitschaft zur Paarung.

Tipps zur Fütterung

Werden mehrere Schlangen in einem Terrarium gepflegt, so sollten diese zur Fütterung immer getrennt werden. Einige Arten sind sehr futterneidisch. Leicht können sich sonst zwei Schlangen in das gleiche Beutetier verbeißen. Hier hilft dann meist nur noch der Einsatz einer Schere, welche das Futtertier dann in zwei Teile zertrennt. Um dies zu vermeiden, setzt man die Schlangen einzeln in Kunststoffboxen mit fest schließendem Deckel. Um eine Luftzirkulation zu ermöglichen lassen sich mittels eines Lötkolbens leicht einige Löcher in die Boxen brennen. Als Bodenbelag verwendet man Küchenkrepp oder altes Zeitungspapier. Dieses lässt sich nach einer Fütterung leicht austauschen und die Boxen sind gut zu reinigen.

In solchen Fütterungsboxen gehen eingewöhnte Tiere problemlos ans Futter. Die Schlangen werden eine halbe Stunde nach der Fütterung wieder vorsichtig in ihr eigenes Terrarium zurückgesetzt.

Werden die Schlangen einzeln gefüttert, so lässt sich die Futteraufnahme jedes einzelnen Tieres genau bestimmen und aufzeichnen.

Idealerweise trennt man gemeinsam gepflegte Schlangen zur Fütterung. Hierzu eignen sich sehr gut Kunststoffboxen mit Lüftungslöchern.

Wenn meine Schlange nicht frisst

Was tun aber, wenn eine sonst immer fressende Schlange auf einmal die Nahrungsaufnahme einstellt?

Bei Schlangen gibt es große individuelle Unterschiede, was das Fressverhalten angeht, und Futterpausen bedürfen nicht der Sorge, solange die Futterverweigerung auf natürlichen Gründen beruht und das Tier nicht abmagert.

Gründe für eine Futterverweigerung:

- Im Spätherbst, dies deutet meist auf die bevorstehende Winterruhe hin.
- Paarungsbereite Männchen nehmen erst nach der Paarungssaison wieder Nahrung zu sich.
- Oftmals verweigern auch trächtige Weibchen jegliche Nahrungsaufnahme. Viele Tiere fressen auch nach der Eiablage oder nach dem Absetzen der Jungtiere nicht sofort, sondern erst nach einer erfolgten Häutung.
- Befindet sich eine Schlange kurz vor der Häutung, kann dies ein Grund für eine Nahrungsverweigerung sein.
- Eine kurze Pause von 4 bis 8 Wochen kann auch eine gesunde Schlange jederzeit einmal ohne Grund einlegen.
- Fehlende Abwechslung bei den Futtertieren. Oftmals genügt es bereits, ein anderes Futtertier als gewohnt anzubieten, und die Schlange geht wieder wie üblich ans Futter.

Ist die Zeit zur Winterruhe gekommen, ziehen sich viele Tiere in einen Unterschlupf zurück und stellen die Nahrungsaufnahme ein.

Viele Jungtiere nehmen erst nach erfolgter erster Häutung Nahrung zu sich. Hier im Bild eine junge Fuchsnatter, *Pantherophis vulpinus*.

Trifft keiner dieser Punkte auf unsere Schlange zu und wir haben alle Haltungsparameter, wie Temperatur und Luftfeuchte nochmals genau überprüft, sollten wir einen erfahrenen Tierarzt zu Rate ziehen. Dieser kann dann gegebenenfalls eine Kotprobe oder einen Kloakenabstrich ins Labor einsenden um festzustellen, ob unsere Schlange unter Darmparasiten oder Würmern leidet. Eine Zwangsfütterung, wie oftmals empfohlen wird, sollte nur von einem erfahrenen Pfleger oder einem Tierarzt durchgeführt werden. Diese Prozedur bedeutet einen erheblichen Stress für unsere Schlange und sollte als letzte Möglichkeit in Erwägung gezogen werden.

Beachte bei Futterverweigerung:

- Die Haltungsparameter genau überprüfen.
- Wenn unser Tier beginnt abzumagern, ist immer ein erfahrener Tierarzt oder Schlangenpfleger zu Rate zu ziehen.
- Eine eventuelle Futtertierumstellung bewegt viele Schlangen zum Fressen.
- Etwas Geduld wirkt oftmals Wunder. Nicht immer hat die Schlange auch Hunger, wenn wir sie füttern möchten.

Pflege

Die richtige Pflege unserer Schlangen ist die beste Maßnahme zum Schutz vor eventuellen Krankheiten und Verletzungen. Bereits vor der Anschaffung eines Tieres muss man sich über die übernommene Verantwortung und nötigen Pflegearbeiten im Klaren sein.

Im § 2 des Tierschutzgesetzes ist dies bereits verankert. Er lautet: „Wer ein Tier hält, betreut oder zu betreuen hat, muss das Tier seiner Art und seinen Bedürfnissen entsprechend angemessen ernähren, pflegen und verhaltensgerecht unterbringen.“

Eine Zuwiderhandlung kann zu hohen Geldstrafen bis hin zu Haftstrafen führen.

Regelmäßige Pflegearbeiten

Obwohl man sich meist sehr gut auf die Technik verlassen kann, so ist es doch unumgänglich, täglich die Klimaparameter im Terrarium zu überprüfen. Verwendet man fest installierte Thermometer und Hygrometer, so genügt nur ein kurzer Blick und man ist im Bilde, ob alle Werte im „Optimalen Bereich“ sind. Wer die nötige Luftfeuchtigkeit mittels eines Pumpsprühers aufrechterhalten muss, darf auf das regelmäßige Sprühen nicht vergessen. Bei allen auto-

Auch das Wasser, hier für diese Karierte Strumpfbandnatter, muss regelmäßig erneuert werden, wenn es nicht gefiltert wird.

Hier wird mittels eines Handsprühgerätes die Luftfeuchtigkeit aufrecht erhalten.

matischen Befeuchtungsgeräten muss der benötigte Wasservorrat mindestens alle zwei Tage kontrolliert und gegebenenfalls aufgefüllt werden.
Eventuell entdeckter Kot oder Urin (letzterer wird ja von Schlangen in fester Form abgegeben) ist stets sofort aus dem Terrarium zu entfernen. So können sich Krankheiten nicht ausbreiten und die Tiere kommen nicht bei jeder Bewegung mit ihren Ausscheidungen in Kontakt. Mit einer Spielzeugschaufel wird der Bodengrund um die Stelle herum großzügig entfernt. Nun kann man die Stelle wieder mit etwas Bodengrund auffüllen.
Einige Tiere koten bevorzugt ins Wasser. Aber nicht nur dann, sondern täglich ist das Trinkwasser gegen frisches zu ersetzen. Gerade, wenn sich die Wasserschale auf oder in der Nähe einer Heizquelle befindet, können sich Bakterien im stehenden Wasser rasch vermehren.
Den kompletten Bodengrund tauschen wir je nach Bedarf aus, jedoch spätestens nach

Steppennattern in einer Freilandanlage.

einem halben Jahr. Glasscheiben und Einrichtungsgegenstände sind bei einer auftretenden Verschmutzung zu reinigen.
All diese Arbeiten nehmen, wenn sie regelmäßig ausgeführt werden, nur wenige Minuten täglich in Anspruch. Im Zuge der Pflegearbeiten kontrollieren wir die Schlange auf ungewöhnliche Verhaltensweisen. So lassen sich rasch Veränderungen oder Anzeichen einer Erkrankung erkennen.
Wird ein Pflegeplan erstellt, kann man mit Sicherheit sagen, dass immer alle anstehenden Arbeiten rechtzeitig ausgeführt werden. Erledigte Tätigkeiten werden einfach abgehakt. Im Zweifelsfalle kann man so immer nachsehen, wann man welche Arbeiten erledigt hat.
Sinnvollerweise reinigt man die Hände nach dem Kontakt mit den Tieren oder nach Pflegearbeiten mit Alkohol oder einer chirurgischen Handdesinfizierung, vor allem, wenn in mehreren Terrarien Arbeiten ausgeführt werden. So können sich keine Krankheitserreger wie Bakterien oder Milben verbreiten.

Musterpflegeplan

täglich

- Trinkwasser erneuern
- Kot und Urin entfernen
- Technik checken
- Klimaparameter überprüfen
- Je nach Bedarf sprühen

wöchentlich

- Glasscheiben reinigen, wenn nötig
- Wasser im Wasserbecken bei Wassernattern erneuern (nur die Hälfte)

monatlich

- Glasscheiben reinigen
- Verunreinigungen an Einrichtungsgegenständen entfernen

vierteljährlich

- Bodengrund erneuern, wenn nötig
- Rückwand auf festen Sitz überprüfen
- Komplettcheck des Terrariums auf Beschädigungen

jährlich

- Terrarium komplett reinigen
- Bodengrund erneuern
- Einrichtungsgegenstände gründlich säubern

Will man den Grünen Baumpython erfolgreich pflegen, muss besonderes Augenmerk auf die klimatischen Bedingungen gelegt werden. Foto: TFH-Archiv

Schlangen und Urlaub

Da wir unsere Tiere nicht mit in den Urlaub nehmen können, muss bei Zeiten eine geeignete Vertretung für die Tage der Abwesenheit gefunden werden. Die Urlaubsvertretung sollte bereits mehrere Tage vor dem geplanten Abreisetermin in die Pflegemaßnahmen eingewiesen werden. Sie muss wissen, wie oft und viel gesprüht werden muss, welche Klimaparameter unsere Schlange bevorzugt und wie im Notfall zu verfahren ist. Schwierige Pflegearbeiten, wie Arbeiten im Terrarium (hier könnte eine Verletzung durch einen Biss drohen oder die Schlange könnte in einem unbeobachteten Moment entweichen), werden idealer Weise einige Male in Zusammenarbeit mit dem eigentlichen Pfleger eingeübt. Eine Fütterung während unseres Urlaubs ist nicht zwingend erforderlich, wenn wir nicht für mehr als zwei bis drei Wochen weg sind. Selbst Jungschlangen können diese Zeit unbeschadet überstehen. Bereits eine Woche vor unserem Urlaubsantritt sollten wir die Schlange das letzte Mal füttern, damit die Tiere noch abkoten können. So ist unsere Urlaubsvertretung nicht gezwungen, schon nach einigen Tagen Kot entfernen zu müssen. Mit unserer Adresse für den Notfall ausgestattet, können wir so getrost die Vertretung mit unserer Schlange allein lassen. In vielen großen Städten besteht auch die Möglichkeit seine Tiere, oftmals sogar mit Terrarium, bei einer Kurzzeitpflege während des Urlaubs unterzubringen. Viele befreundete Schlangenpfleger wechseln sich auch bei der Urlaubsversorgung der Tiere ab. Es kann also nur von Vorteil sein, wenn man einige Gleichgesinnte kennt. In Internetforen und bei ortsansässigen Vereinen wird man immer einen geeigneten Ansprechpartner finden.

Beachte

Wichtige Pflegearbeiten auf einem Pflegeplan festhalten, so weiß man immer, wann welche Arbeiten ausgeführt wurden oder auszuführen sind. Auf diesen sollten auch nochmals der wissenschaftliche Name und die wichtigsten Klimaparameter verzeichnet sein. Für die Urlaubsvertretung ist unbedingt eine Notfalladresse vom Zoofachgeschäft oder befreundeten Terrarianer zu hinterlassen, falls es trotz aller Vorkehrungen zu einem Notfall kommt.

Ist unser Tier so gesund wie diese amelanistische Kornnatter, können wir problemlos die Urlaubstage genießen.

Winterruhe

Wie ja bereits zuvor zu lesen war, benötigen einige unserer Schlangen eine Winterruhe zu ihrem Wohlbefinden und auch um in Paarungsstimmung zu kommen. Eine Winterruhe sollte bei allen Schlangen, die diese benötigen, durchgeführt werden, wenngleich sehr viele Schlangenpfleger dies nicht machen und sich deren Tiere trotzdem regelmäßig fortpflanzen und sich bester Gesundheit erfreuen.

Durch die absinkende Außentemperatur wird der Stoffwechsel herabgesetzt. Die Tiere bewegen sich weniger, die Herz- und Atemfrequenz verlangsamt sich. In dieser Zeit benötigen die Tiere weniger Energie. Während dieser Ruhezeit reifen auch die Eizellen der Weibchen und das Sperma der Männchen.

Bereits zwei Wochen vor der geplanten Winterruhe (Zeiten siehe bei den Tieren) wird die Beleuchtung langsam, in einer Zeitspanne von zwei bis drei Wochen, auf eine Beleuchtungsdauer von täglich 6 Stunden heruntergefahren. Ab diesem Zeitpunkt dürfen die Tiere auch nicht mehr gefüttert werden. Im gleichen Zuge bringen wir auch

Auch die Gartenboa (*Corallus enydris*) erreicht nur eine Größe von durchschnittlich 1,3 bis 1,5 m. Leider sind die meisten Tiere nicht besonders umgänglich. Die Gartenboa hält keine Winterruhe.

die Temperaturen langsam auf das Winterniveau. Es ist darauf zu achten, dass die Tiere bereits fünf Tage vor Erreichen der niedrigen Temperaturen ihren Darm vollständig entleert haben. Denn bei herabgesetzten Temperaturen funktionieren die Verdauung und der Stoffwechsel nur bedingt und die Tiere könnten an Nahrungsresten im Darm erkranken oder verenden. Um die Darmtätigkeit anzuregen, werden die Schlangen zehn Tage nach der letzten Fütterung ausgiebig in lauwarmem Wasser gebadet.

Befindet sich unser Terrarium in Wohnräumen, in denen wir nicht die gewünschte Temperatur zur Winterruhe erreichen können, ist man gezwungen, die Tiere für diese Zeit in ein Überwinterungsterrarium oder in einer Kiste unterzubringen. Das Überwinterungsbehältnis muss nicht so geräumig sein, wie das eigentliche Terrarium, da sich die Tiere während der Winterruhe kaum bewegen. Ausgestattet wird es mit leicht feuchtem Substrat und Moos, sowie einigen Unterschlupfmöglichkeiten. Frisches Trinkwasser muss auch hier immer zur Verfügung stehen. Auch während der Winterruhe ist der Gesundheitszustand der Schlange regelmäßig zu kontrollieren. Was aber nicht heißen soll, dass die Tiere ständig gestört werden dürfen. Eine wöchentliche Kontrolle ist also vollkommen ausreichend.

Ist die Zeit der Winterruhe vorbei, kann die Schlange wieder in umgekehrter Reihenfolge „aufgeweckt" werden. Langsam bringt man Temperatur und Beleuchtungsdauer in einer Zeitspanne von zwei Wochen wieder auf Normalwerte. Erst wenn die Beleuchtung und Heizung seit mindestens einer Woche wieder voll in Betrieb ist, kann man versuchen, die Schlange zu füttern. Viele Tiere werden allerdings jetzt noch für weitere vier bis sechs Wochen die Nahrungsaufnahme verweigern, da jetzt die Paarungszeit beginnt.

Wird die Schlange in lauwarmem Wasser gebadet, so regt dies den Stoffwechsel an und das Tier wird bald seinen Darm entleeren.

Beachte:

- Temperaturen und Beleuchtung werden langsam über zwei Wochen hinweg heruntergefahren.
- Spätestens zwei bis drei Wochen vorher das letzte Mal füttern.
- Kann die nötige niedrige Temperatur im eigentlichen Terrarium nicht erreicht werden, so ist eine geeignete Überwinterungskiste oder ein kleines Terrarium zu verwenden. Diese lässt sich problemlos in einen kühlen Raum stellen.
- Frisches Trinkwasser muss auch während der Winterruhe immer zur Verfügung stehen.
- Der Gesundheitszustand ist regelmäßig zu kontrollieren ohne die Schlangen hierbei erheblich zu stören.
- Nach der Winterruhe in umgekehrter Reihenfolge verfahren.
- Viele Schlangen fressen erst nach einer erfolgten Paarung.
- Jungschlangen unter einem Jahr müssen nicht überwintert werden.
- Eine Beleuchtung während der Winterruhe ist nicht erforderlich, solange etwas Tageslicht in das Terrarium gelangt.
- Sind Krankheitsanzeichen während der Winterruhe zu erkennen, so muss diese abgebrochen werden
- Sind die Tiere auch während der Winterruhe sehr unruhig, so sollte das Terrarium oder die Überwinterrungskiste an einen ruhigen Platz aufgestellt werden. Gibt sich das unruhige Verhalten nicht, so muss die Winterruhe vorzeitig beendet werden, da die Tiere ansonsten zu viel Energie verbrauchen.

Ein reichlich mit Moos ausgestattetes Terrarium ermöglicht Strumpfbandnattern eine problemlose Überwinterung. Foto: TFH-Archiv

Vermehrung

Viele Schlangenpfleger wünschen sich natürlich auch Nachwuchs bei seinen Tieren, ist dies doch ein Zeichen, dass es den Tieren gut geht und sie artgerecht gepflegt werden. Allerdings ist es nicht immer leicht, die Jungschlangen dann auch in geeignete Hände weiterzugeben. Dies trifft vor allem auf die Arten zu, die häufig und in großen Stückzahlen nachgezogen werden. Auch die Versorgung der Jungschlangen nimmt viel Zeit und Platz in Anspruch. Aspekte also, die vor einer geplanten Vermehrung unbedingt bedacht werden sollten. Eine Möglichkeit, wenn auch nicht die beste, ist es seinen Nachwuchs einem Großhändler oder Zoofachgeschäft zum Kauf anzubieten. Bei allen Händlern ist natürlich stets der Einkaufspreis ausschlaggebend, und man erzielt nicht so hohe Preise, wie wenn man die Tiere einzeln an Liebhaber verkauft. Man kann sein Glück auch auf einer der zahlreichen Terraristikbörsen versuchen. Hier gibt es sehr viele Kaufinteressenten, allerdings wird man auf einer solchen Börse nicht immer gleich einen ganzen Wurf oder alle Jungschlangen eines Geleges auf einmal verkaufen können. Wünscht man keinen Nachwuchs, so sollte man von vornherein nur ein Tier oder Schlangen gleichen Geschlechts pflegen.
Oft kommt es bei einigen Arten, wie der Kornnatter, schon vor Erreichen der Geschlechtsreife zu ersten Paarungsversuchen.

Kornnattern gehören zu den leicht zu vermehrenden Schlangen. Diese Tiere paaren gerade.

Bei einer zu frühen Trächtigkeit drohen häufig Komplikationen, wie sehr kleine Eier und Jungtiere oder Totgeburten. Um dies zu verhindern sollten die Tiere nach Geschlechtern getrennt gepflegt werden. Erst im Alter von mindestens zweieinhalb bis drei Jahren darf man die Tiere verpaaren. Dann erst sind sie groß genug und haben auch genügend Reserven, um eine Trächtigkeit gefahrlos zu überstehen. Dass wir keine kranken oder geschwächten Tiere verpaaren, versteht sich von selbst. Diese würde man durch die zusätzliche Belastung von Paarung und Trächtigkeit an die Grenzen ihrer Reserven bringen. Nicht selten sterben solche Tiere während oder kurz nach der Eiablage. Auch die Eier sind meist unbefruchtet oder die Jungen sind nicht lebensfähig. Etwas Geduld macht sich also schon bald bezahlt, wenn man sich über gesunde und kräftige Jungschlangen freuen will.

Männlein oder Weiblein?

Grundvorraussetzung für eine erfolgreiche Vermehrung ist es natürlich, dass man über mindestens ein Pärchen einer Art verfügt. Zur Geschlechtsbestimmung gibt es verschiedene mehr oder weniger brauchbare Methoden.

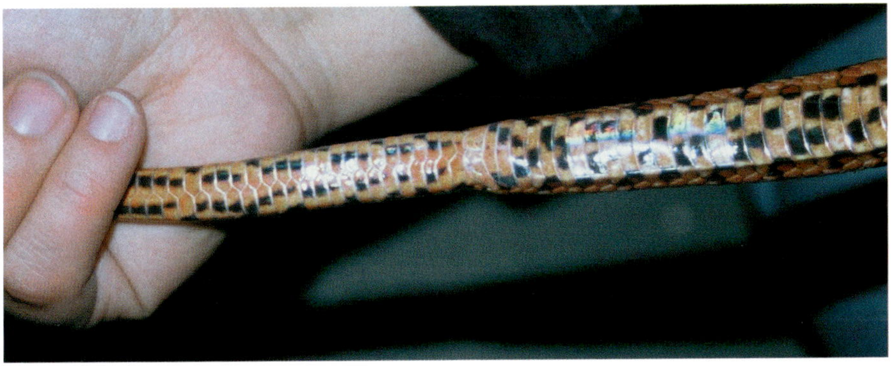

Gut lassen sich bei diesen Männchen die beiden Hemipenistaschen nach der Kloake schwanzwärts erkennen.

Verjüngt sich der Schwanz nach der Kloake rasch, so handelt es sich um ein Weibchen.

Das männliche Begattungsorgan (Penis) liegt im Ruhezustand zweigeteilt in der Schwanzwurzel. Deshalb ist bei adulten Tieren beim Männchen ein verdickter Schwanzwurzelansatz zu erkennen, bei Weibchen dagegen verjüngt sich der Schwanz unmittelbar nach der Kloake. Laien erkennen diesen Unterschied oft nur äußerst schwer. Die sicherste Methode besteht in der Sondierung. Hierzu wird eine Edelstahlknopfsonde seitlich in die Kloakenöffnung schwanzwärts in eine Hemipenistasche eingeführt. Bei männlichen Tieren kann diese weiter eindringen als bei weiblichen. Diese Art der Geschlechtsdiagnose sollte nur von erfahrenen Schlangenpflegern oder einem kundigen Tierarzt durchgeführt werden, da hier Verletzungsgefahr für die Tiere besteht.

Eine weitere Methode ist es, mit leichten Druck einen der beiden Hemipenis bei Jungschlangen herauszumassieren. Auch hier ist Vorsicht geboten. Unerfahrene Schlangenpfleger können so mit etwas zu viel Druck leicht die empfindlichen Begattungsorgane der Schlangen verletzen.

Vorbereitungen zur Fortpflanzung

Um die Tiere erfolgreich verpaaren zu können, sollten sie bereits ab Beginn der Winterruhe nach Geschlechtern getrennt gepflegt werden. Die Arten, die keine Winterruhe halten, werden drei Monate vor der Paarungszeit nach Geschlechtern getrennt. Erst zur eigentlichen Paarung werden dann die Männchen zu den Weibchen ins Terrariumgesetzt. Weibliche Tiere geben Phero-

Nur gesunde und gut genährte Tiere werden zur Vermehrung herangezogen.

Häufig lassen sich während der Morgenstunden die Tiere bei der Paarung beobachten.

mone ab, welche die männlichen Tiere wittern können. Von diesen stimuliert, begeben sie sich sofort auf die Suche nach den Weibchen.

Bei einigen Arten empfiehlt es sich, mehrere Männchen mit einem Weibchen zu vergesellschaften. Die aufkommende Konkurrenz unter den männlichen Tieren steigert deren Fortpflanzungsbereitschaft. Diese Kämpfe unter den Männchen werden auch als Kommentkämpfe bezeichnet. Unterlegene Tiere müssen rechtzeitig aus dem Terrarium entfernt werden. Gerade bei einigen Pythons, wie den Baumpythons, kann es sonst zu erheblichen Verletzungen bis hin zum Tode der Kontrahenten durch die Aftersporne der Tiere kommen. Aber nicht bei allen Schlangen finden unter den Männchen Kommentkämpfe statt. Bei Strumpfbandnattern beispielsweise finden sich mehrere hundert Tiere zur Überwinterung und anschließenden Paarung ein.

Paarung und Eiablage

Die Paarung selbst ist mitunter in den Morgen- und Abendstunden zu beobachten. Das männliche Tier verfolgt das Weibchen durch das ganze Terrarium und kriecht immer wieder über den Rücken des Weibchens hinweg. Befindet sich auch das Weibchen in Paarungsstimmung, wird es irgendwann den Schwanz anheben und so dem Männchen ermöglichen einen seiner Hemipenis in die Kloake einzuführen. Dieser Akt kann von 30 Minuten bis hin zu mehreren Stunden dauern. In den folgenden Tagen wird man immer wieder erneute Paarungen beobachten können.

Eine erfolgreiche Befruchtung vorausgesetzt, dauert die Tragzeit bei den Eier legenden Arten im Mittel um die 50 Tage. Eilebendgebärende Arten bringen ihre Jungen nach ungefähr 100 bis 180 Tagen zur Welt.
Zur Eiablage muss den Schlangen eine geeignete Ablagemöglichkeit angeboten werden. Eine geschlossene und mit einem Einschlupfloch versehene Kunststoffbox leistet hier gute Dienste. Sie wird am besten mit etwas Torf und Spagnummoos gefüllt. Hält man dieses Substrat immer leicht feucht und es herrschen Temperaturen um die 28 °C, wird das Weibchen seine Eier darin ablegen. Aber auch eine Stelle mit feuchtem Moos wird von den Tieren gerne, angenommen.
Eine richtige Lebendgeburt, wie sie uns von Säugetieren bekannt ist, gibt es bei den Schlangen nicht. Trotzdem werden fertig entwickelte Jungtiere zur Welt gebracht. Diese entwickeln sich in Eimembranen im Mutterleib ohne mit diesen in direkter Verbindung zu stehen. Erst mit dem Verlassen des Mutterleibes werden die Eihüllen von den Jungtieren durchstoßen. Um den trächtigen Tieren von eilebendgebärenden Arten unnötigen Stress zu ersparen, werden diese einzeln in separate Terrarien mit optimalen Klimaparametern gesetzt.

Gelege einer *Lampropeltis triangulum campbelli*. Dieses Weibchen hat ihre sieben Eier in der dafür vorbereiten Legeecke abgelegt.

Beachte:

- Tiere während der Paarung nicht stören, sonst kann es zu Verletzungen der Fortpflanzungsorgane bei der Flucht der Tiere kommen.
- Tiere erst im Alter von mindestens drei Jahren verpaaren und, wenn diese in einer körperlich guten Verfassung und optimal genährt sind.
- Eiablageplatz zur Verfügung stellen, um eine Legenot bei Eier legenden Arten zu vermeiden.

Erbrüten von Schlangeneiern

Bereits einige Tage vor der anstehenden Eiablage muss der Brutkasten (Inkubator) vorbereitet werden. Hierzu gibt es im Handel fertige Brutkästen aus Styropor mit Heizung und Thermostat. Diese eignen sich für die meisten Schlangeneier sehr gut. Auch aus einem Aquarium lässt sich ein gut brauchbarer Brutapparat bauen. Auf zwei Ziegelsteine stellt man die eigentliche Brutbox. Darunter wird Wasser mittels eines Aquarienheizers erwärmt. Der Thermostat des Heizers wird so eingestellt, dass die notwendige Bruttemperatur im Substrat erreicht wird. Um die Eier vor Tropfwasser zu schützen, wird eine Abdeckscheibe schräg auf die Brutbox mit den Eiern gelegt.
Um die Eier später schnell in den Brutapparat überführen zu können müssen bereits die Brutschälchen, hierzu eignen sich leere Heimchendosen oder Kunststoffgefrierdosen, mit Brutsubstrat gefüllt und temperiert sein. Als Brutsubstrat wird üblicherweise Vermiculit verwendet, welches 2:1 mit Wasser gemischt wird.

Werden die Eier in einem Inkubator bei richtigen Klimawerten gezeitigt, liegt die Schlupfrate meist über 90 Prozent.

Endlich ist es soweit, die ersten jungen Kornnattern strecken ihre Köpfe aus den Eiern.

Hat nun unsere Schlange die Eier in ihre Box abgelegt, können wir diese sehr vorsichtig in den Inkubator überführen. Reptilieneier dürfen keinesfalls gedreht werden und sind in der gleichen Lage wie aufgefunden in das Substrat zu ungefähr der Hälfte einzubetten. Bei Temperaturen zwischen 26 °C bis 28 °C und einer Luftfeuchte von 95 % werden die Jungschlangen nach 60 bis 80 Tagen schlüpfen. Pythoneier hingegen bebrüten wir bei 29 °C bis 31 °C. Eventuell unbefruchtete Eier beginnen zu schimmeln, einzutrocknen oder zu verpilzen. Gesunde Eier werden aber nicht „angesteckt". Vorsichtig kann man die abgestorbenen Eier entfernen, wenn die gesunden hierdurch nicht beschädigt werden.

Kurz vor dem Schlupf beginnen die Eier leicht einzufallen und zu schwitzen (es lassen sich kleine Tropfen an der Eischale erkennen). Jetzt ist es an der Zeit, die Brutschalen mit feiner Gaze zu überziehen, damit die Jungtiere nach dem Schlupf nicht flüchten können. Einen Tag später öffnet dann die Schlange mit ihrem Eizahn durch kleine Schnitte die Eischale. Jeden Moment wird jetzt die Jungschlange den Kopf aus dem Ei stecken und die Lungen mit Luft füllen. In dieser Lage verharrt sie meist noch einen Tag und resorbiert den Dotterrest bevor sie das Ei verläßt.

Die Bruttemperatur ist ein wesentlicher Faktor zur Entwicklung der unterschiedlichen Geschlechter. Bei höheren Temperaturen geht die Entwicklung vom Ei bis zur Jungschlange schneller von statten und es entstehen mehr Männchen. Liegen die Temperaturen hingegen an der unteren Grenze so dauert es länger bis die Jungtiere schlüpfen und es entwickeln sich mehr Weibchen. Um ein ausgewogenes Geschlechterverhältnis zu erhalten, sollten die Temperaturen im Mittel der angegebenen Werte liegen.

Absetzen der Jungtiere

Einige unserer Schlangen bringen lebende Jungtiere zur Welt. Dies geschieht meist in den frühen Morgenstunden. Kurz nach dem Absetzen durchbrechen die Jungtiere die Eihüllen und verharren noch einige Minuten, ehe sie sich in ein Versteck zurückziehen. Um die Jungtiere optimal versorgen zu können, werden sie aus dem Terrarium gefangen und in lauwarmem Wasser von den Geburtsresten befreit. Anschließend bringt man sie einzeln in kleinen Terrarien unter. Die Nabelschnur wird in der kommenden Woche eintrocknen und von selbst abfallen.

Aufzucht der Jungschlangen

Es ist schon ein tolles Gefühl, die ersten eigenen Nachzuchten in Händen zu halten. Idealerweise bringt man nun die Jungschlangen einzeln in Kleinterrarien unter.

Jungtiere des Grünen Baumpythons sind stets anders gefärbt, meist gelb oder auch rot und braun, als die Adulti. Die Umfärbung ist im Alter von 1,5 Jahren abgeschlossen. Foto: TFH-Archiv

Endlich sind alle Jungtiere geschlüpft. Während der ersten Woche können diese auch noch gemeinsam in einem Terrarium untergebracht werden.

Als Miniaturausgabe eines großen Terrariums sollten auch dort die Klimaparameter entsprechend eingestellt sein. Nur der Bodengrund sollte in den ersten Wochen aus Küchenkrepp oder Zeitung bestehen. Nach etwa zehn bis vierzehn Tagen häuten sich die Jungschlagen das erste Mal. Erst jetzt bieten wir Futter erstmal an. Ein Großteil der Jungtiere wird von selbst zur Nahrungsaufnahme schreiten.

Leider gibt es immer wieder auch Tiere, die nicht von selbst fressen wollen. Mit einigen Tricks lassen sich aber auch diese „überreden".

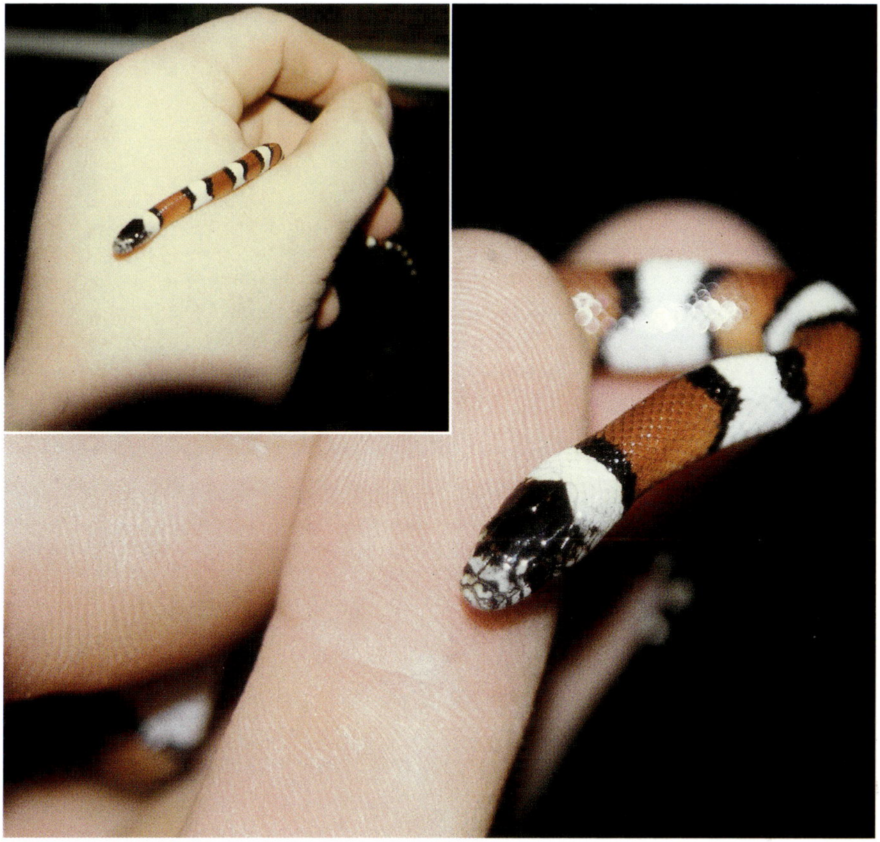

Die meisten Tiere nehmen nach der ersten Häutung Futtertiere in entsprechender Größe an. Hier im Bild eine *Lampropeltis triangulum gentilis* im Alter von 3 Monaten.

Tipps:

- Das tote Futtertier über Nacht im Terrarium belassen
- Das Futtertier abwaschen, damit es den üblichen Geruch verliert und anschließend mit Gras einreiben.
- Die Schädeldecke des Beutetieres öffnen, sodass das Gehirn austritt. Dies wirkt sehr stimulierend auf viele Tiere.
- Das Beutetiere in eine Art Bau bringen. Idealerweise eine kleine Plastikdose mit einem kleinen Einschlupfloch, gefüllt mit Heu oder Stroh.
- Viele Schlagen, die anfangs keine toten Futtertiere akzeptieren, gehen aber bereitwillig an lebende.
- Erst als letzte Möglichkeit, wenn die Tiere abmagern, sollte eine Zwangsfütterung durchgeführt werden. Da hierbei Verletzungsgefahr für die Tiere besteht, sollte sie entweder von einem Tierarzt oder einem erfahrenen Terrarianer vorgenommen werden.

Dieser *Python regius* erfreut sich bester Gesundheit. Dies lässt sich auch an dem metallisch glänzenden Aussehen einige Tage nach der Häutung gut erkennen.

Gesundheit

Wer Nachzuchttiere artgerecht hält, Häutungsreste, Kot und Urin immer sofort aus dem Terrarium entfernt, wird selten eine Erkrankung bei seinen Schlangen feststellen. Sollte es trotzdem einmal zu einer Krankheit des Pflegetieres kommen, so wird dies der aufmerksame Terrarienpfleger schnell anhand einer Verhaltensänderung bei seinen Tieren bemerken. Wer Aufzeichnungen über Futteraufnahme, Häutung, Kotabgabe und Überwinterung macht, hat so ein wichtiges Nachschlagewerk im Ernstfall zur Verfügung.

Bevor jedoch eine Behandlung an einem Tier durchgeführt wird, ist die genaue Krankheitsursache zu klären. Dies ist gar nicht so leicht, da mehrere Krankheiten oft die gleichen Symptome zeigen und oftmals auch miteinander in Verbindung stehen. Im Zweifelsfall, wenn nicht genau bekannt ist, um welche Krankheit es sich handelt, oder als Anfänger in der Schlangenpflege, sollte man stets einen erfahrenen Tierarzt zu Rate ziehen. Viele Medikamente können bei falscher, über- oder unterdosierter Menge mehr schaden als helfen.

Listen von erfahrenen, reptilienkundigen Tierärzten findet man im Internet und bei

der DGHT. Um nicht auch gesunde Tiere zu gefährden, werden kranke Schlangen immer in einem eigenen Terrarium untergebracht. Jetzt ist erhöhte Sauberkeit geboten, um eine Ausbreitung der Krankheit zu verhindern.

Wichtig

Das Tier sollte bereits bei den ersten Anzeichen einer Unsicherheit dem Tierarzt vorgestellt werden und nicht erst dann, wenn es schon seit langer Zeit nicht mehr frisst und die Krankheit so weit fortgeschritten ist, dass jede Hilfe zu spät kommt. Einmal zu viel ist immer besser als einmal zu wenig.

Milben

Eingeschleppte Milben können schnell zur Plage werden. Diese kleinen Blutsauger nisten sich vor allem in den Schuppenzwischenräumen am Hals und in der Kloakenregion ein. Befallene Schlangen liegen vermehrt im Wasser, da dort diese Plagegeister ertrinken. Leuchtet man nachts die Schlange mit einer Taschenlampe an, lassen sich die winzigen Milben leicht erkennen. Die Ausscheidungen von Milben sind auch als winzige weiße Punkte am Schlangenkörper zu finden. Werden Milben nicht bemerkt und bekämpft, kann es sogar zum Tod der Schlange führen. Als ideales Mittel seien hier Insektenstrips mit dem Wirkstoff Dichlorvos genannt, die in entsprechender Größe ins Terrarium gehängt werden. Um den direkten Kontakt mit dem Mittel zu vermeiden, wird der Strip in ein Leinensäckchen oder Teesieb gegeben. Nach etwa fünf Tagen kann man den Strip entfernen. Diese Behandlung wird nach weiteren drei Tagen Pause und dann nach einer Woche nochmals wiederholt um auch die noch aus Eiern schlüpfenden Milben zu bekämpfen.

Insektenstrips mit dem Wirkstoff Diclorvos. (Siehe Anleitung auf der entsprechenden Verpackung)

Achtung:

Die Herstellerangaben genau beachten. Es gilt nicht die Devise: Viel hilft viel. Eine Überdosierung kann schnell zu Organschäden bei unseren Schlangen führen. Da sich dieser Wirkstoff auch im Wasser löst, ist das Wasserbecken während der Behandlungszeit zu entfernen. Den Tieren geben wir morgens und abends für circa drei Stunden die Möglichkeit, aus einem Wasserbecken frisches Wasser aufzunehmen.

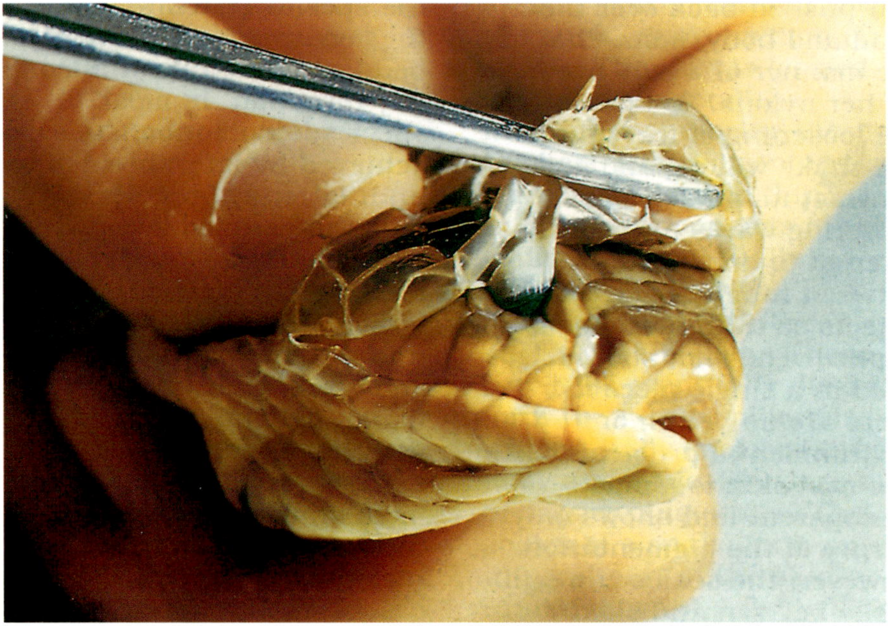

Hier ist äußerste Vorsicht geboten. Nur wenn die Haut der Schlange lange genug eingeweicht wurde, kann sie wie hier auf dem Bild bei Häutungsschwierigkeiten auch manuell entfernt werden. Foto: TFH-Archiv

Erkrankungen der Haut

Häutet sich die Schlange nicht in einem Stück und es bleiben Hautreste am Tier hängen, deutet dies meist auf eine zu trockene Pflege hin. Diese Hautreste lassen sich leicht entfernen, wenn man das Tier für einige Stunden in einem feuchten Leinensack unterbringt. Besonders muss darauf geachtet werden, dass auch die Augenpartie mitgehäutet wird. Oftmals bleibt gerade die Brille, das ist die Haut über den Augen, kleben. Mit einem weichen Handtuch lässt sich auch diese nach einer Einweichphase entfernen.

Weist die Bauchunterseite eine leichte Rötung auf, so kommt diese meist durch falsches Bodensubstrat oder aufgrund von unsauberen oder ständig feuchten Untergründen. Eine Behandlung ist nach einer Verbesserung der Pflegeparameter meist nicht mehr von Nöten und die Anzeichen klingen in den nächsten zwei bis drei Wochen von selbst ab.

Achtung:

Kommt es zu Häutungsproblemen, ist auf alle Fälle die Temperatur und Luftfeuchtigkeit nochmals genau zu überprüfen, denn meist stimmen die Klimaparameter nicht. Auf alle Fälle dürfen Häutungsreste nicht in trockenem Zustand entfernt werden, denn dies kann zu Verletzung der Haut führen.

Kleine Wunden

Beim Verfüttern von lebenden Nagetieren kann es leicht zu kleinen Bissverletzungen kommen. Auch eine Hautabschürfung, die sich unsere Schlange einmal zuziehen kann,

Solch kleine Verletzungen, die meist von Paarungen herrühren oder wenn sich die Schlange an einem Ast oder Stein verletzt, sind kein Anlass zur Sorge. Vorsicht jedoch, wenn sich die Wunde entzündet.

ist im Prinzip harmlos. Solche kleinen Wunden werden desinfiziert und mit einer antibiotischen Salbe behandelt. Sollte sich die Wunde in den folgenden Tagen dennoch entzünden, so ist ein Tierarzt aufzusuchen. Größere Verletzungen und Verbrennungen (an nicht geschützten Heizstrahlern) heilen oftmals erst nach einigen Wochen oder Monaten wieder ab. Selbst diese lassen sich mit einer antibiotischen Salbe gut behandelt, solange sie nicht großflächig sind oder das Muskelfleisch in Mitleidenschaft gezogen wurde. Bei großen Verletzungen oder Unsicherheit muss die Schlange immer von einem erfahrenen Tierarzt versorgt werden.

Erkältung

Eine Lungenentzündung ist meist das Resultat falscher Klimaparameter. Eine dauernde zu hohe Temperatur, Zugluft, stickige verbrauchte Luft oder feuchtkaltes Klima fördern die Entstehung dieser Krankheit. Sie lässt sich an dem Atemgeräusch und an Schleimabsonderungen im Maulbereich, sowie an einer aufgerichteten Körperhaltung und aufgeblähten Lungenflügeln leicht erkennen. Ist es erst einmal zu diesen Krankheitsanzeichen gekommen, sind unverzüglich die Pflegeparamter zu überprüfen und auf optimale Werte einzustellen. Ist die Krankheit noch im Anfangsstadium, wird

Eine gesunde Schlange hat das Maul stets geschlossen. Hier im Bild ist ein Tier mit einer Atemwegserkrankung zu sehen. Foto: M. Kiedrowski

sich dieses Krankheitsbild in wenigen Tagen verbessern. Gerade mit Erkältungskrankheiten und Lungenentzündungen ist nicht zu spaßen. Wichtig ist hier, dass man rechtzeitig einen erfahrenden Tierarzt aufsucht, der die Schlange dann, nach eingehender Untersuchung, gegebenenfalls auch mit einem Antibiotikum behandeln kann.

Achtung:
Nie selbst zur Verabreichung von Antibiotika greifen. Eine falsche Dosierung oder der falsche Wirkstoff kann schnell zum Tode des Tieres durch Organschäden führen.

So sollte das geöffnete Maul einer gesunden Schlange aussehen.

Maulfäule

Weißliche oder gelbliche Ablagerungen am Zahnfleisch sind Anzeichen einer Maulfäule. Diese entsteht meist aufgrund einer Verletzung im Maulbereich und durch zusätzliche Schwächung und Vitaminmangel des Tieres. Einmal diese Krankheitsanzeichen erkannt, muss unverzüglich gehandelt werden. Diese bakteriellen Erreger greifen schnell das Zahnfleisch an und können sich bis in den Magenbereich ausbreiten. Mit Wasserstoffperoxid oder einer Munddesinfektionslösung lassen sich diese Stellen mit einem Wattestäbchen zweimal täglich gut behandeln. Hat man noch keine Erfahrung, so lässt man sich von einem erfahrenen Tierpfleger oder Tierarzt einweisen. Besonders wichtig ist jetzt eine ausgewogene Ernährung und das Verabreichen eines Multivitaminpräparates.

Magen und Darmerkrankungen

Erkrankungen des Magen und Darmtrakts lassen sich meist nur sehr schwer erkennen. Verweigert das Tier ohne einen erkennbaren Grund die Nahrung über eine längere Zeit oder liegt langgestreckt im Terrarium, so sollte eine Erkrankung in Erwägung gezogen werden.

Ebenso, wenn unsere Schlange an Durchfall leidet oder Blut im Kot zu finden ist. Salmonellen, Würmer und Bakterien lassen sich in einer frischen Kotprobe nachweisen. Krankheitsanzeichen dieser können eine Abmagerung trotz regelmäßiger Nahrungsaufnahme sein. In allen diesen Fällen ist stets ein Tierarzt zu Rate zu ziehen.

Idealerweise lässt man in einem Abstand von einem Jahr eine Kotprobe bei einem anerkannten Institut auf Erreger untersuchen. Eventuelle Erkrankungen lassen sich so oftmals schon im Anfangsstadium erfolgreich bekämpfen.

Bei einseitiger Ernährung kann es zu Mangelerscheinungen und Magen- Darmerkrankungen bei Strumpfbandnattern (im Bild eine Karierte Strumpfbandnatter) führen.

Eine gesunde Schlange wird stets züngeln, sobald sich etwas in ihrem Umfeld bewegt.

Merke:

- Bei jeder Verhaltensveränderung die Tiere genau auf Krankheitsanzeichen hin überprüfen.
- Bei Unsicherheit immer einen erfahrenen Tierarzt oder Schlangenpfleger zu Rate ziehen.
- Niemals Medikamente zur Prophylaxe verabreichen.
- Im Krankheitsfall ist Hygiene das oberste Gebot.
- Stets auf die richtigen Klimaparameter achten, besonders wenn einmal ein Tier erkrankt.

Zu guter Letzt

Trotz aller guten Ratschläge stellt das Wissen in diesem Buch nur eine Grundlage für die Pflege von kleinbleibenden Schlangen dar. Alle Empfehlungen und Ratschläge beruhen auf jahrelanger eigener Erfahrung und Beobachtungen der Tiere. Besonders empfehlenswerte, häufig erhältliche und auch für Anfänger geeignete Schlangenarten werden in der Tierrubrik kurz vorgestellt.

Ich hoffe, dass es mir auch in diesem Buch gelungen ist, dem Schlangenfreund einige wichtige Aspekte der Haltung, Pflege, Vermehrung und Gesunderhaltung von Schlangen näherzubringen.

Jeder interessierte Pfleger wird aber seine eigenen Beobachtungen und Erfahrungen mit diesen bemerkenswerten Tieren machen und diese, so hoffe ich, auch mit Gleichgesinnten teilen. Diese lassen sich auf zahlreichen Terraristikbörsen, Internetforen und bei den Vereinen und Ortsgruppen der DGHT vor Ort finden. Auch die Beobachtungen oder die Erfahrungen eines Anfängers sind sehr interessant und können anderen helfen, Fehler zu vermeiden.

So wünsche ich nun allen Schlangenfreunden viel Spaß und Erfolg bei der Pflege ihrer Tiere.

Mein besonderer Dank gilt all meinen Terraristikfreunden, die mir jederzeit die Möglichkeit gaben, bei ihnen die benötigten Fotos anzufertigen und mich auch stets über die Erfolge aber auch Misserfolge in der Pflege und Vermehrung ihrer Tiere informieren.

Dank gebührt auch dem bede-Verlag, der mir stets bei Fragen und Problemen zur Seite stand und ohne den es gar nicht möglich gewesen wäre, ein solches Buch zu verwirklichen.
Zuletzt gilt mein besonderer Dank meiner Frau Alexandra und meinen beiden Kindern Christopher und Kathrin, die mich stets bei der Arbeit mit unseren Tieren unterstützen und mir die nötige Zeit gegeben haben meine Erfahrungen in diesem Buch niederzuschreiben.

Adressen, Info, Literatur

Obwohl dieses Buch einen umfassenden Einblick in die Pflege und Anschaffung von kleinbleibenden Schlangenarten gibt, ist es trotzdem sinnvoll, sich auch mit weiterführender Literatur zu beschäftigen.

Adressen

Deutsche Gesellschaft für Herpetologie und Terrarienkunde e.V. (DGHT)
Postfach 1421
53351 Rheinbach
www.dght.de
Innerhalb der DGHT existiert eine Arbeitsgruppe die AG Schlangen. Diese ist auch über die Homepage des DGHT zu erreichen.

Verband Deutscher Vereine für Aquarien- und Terrarienkunde (VDA)
www.vda-online.de

Ortsansässige Terrarienvereine oder Ortsgruppen der DGHT
Diese sind meist bei der Gemeinde oder im Internet leicht zu finden.

Bei artgerechter Pflege wird man lange Zeit Freude an seinen Tieren haben. Diese Kornnatter wurde über 21 Jahre alt.

Es gibt auch zahlreiche Internetseiten, die sich mit Reptilien befassen. Leider sind nicht immer alle inhaltlich korrekt und daher nur bedingt als Nachschlagewerk geeignet.

Literatur

Bosch H., Boa constrictor
Griehl K., Schlangen
Gumprecht A., Die Schönnatter
Hackbarth R., Krankheiten der Reptilien
Kirschner A., Seufer H. Der Königspython
Kunz K., Die Kornnatter
Mara W.P., Strumpfbandnattern im Terrarium
Mattison C., Die Schlangen Enzyklopädie
Mutschmann F., Die Strumpfbandnatter
Schmidt W., Kornnattern
Thissen R., Hansen H., Königsnattern
Trutnau L., Schlangen 1
Walls J. G., Kletternattern im Terrarium
Wilms T., Terrarieneinrichtung

Mein Heimtier zu Hause

die bede-Ratgeber zur artgerechten Haltung

- 64 Seiten geballte Insider-Informationen
- ca. 80 bis 100 tolle Farbbilder
- Viele nützliche Tipps und Tricks

je Titel nur 5,95 €

bede

Änderungen und Irrtum vorbehalten!

Mein erstes Aquarium ...
64 Seiten, ca. 100 Farbbilder
ISBN 3-89860-133-1
bede-Nr. ZH 425

Mein Diskus zu Hause
64 Seiten, ca. 100 Farbbilder
ISBN 3-89860-136-6
bede-Nr. ZH 426

Meine Landschildkröte ...
64 Seiten, ca. 100 Farbbilder
ISBN 3-89860-131-5
bede-Nr. ZH 423

Meine Wasserschildkröte ...
64 Seiten, ca. 100 Farbbilder
ISBN 3-89860-132-3
bede-Nr. ZH 424

Mein Kanarienvogel zu Hause
64 Seiten, ca. 100 Farbbilder
ISBN 3-89860-128-5
bede-Nr. ZH 420

Mein Wellensittich zu Hause
64 Seiten, ca. 100 Farbbilder
ISBN 3-89860-123-4
bede-Nr. ZH 421

Mein Degu zu Hause
64 Seiten, ca. 100 Farbbilder
ISBN 3-89860-126-9
bede-Nr. ZH 418

Mein Frettchen zu Hause
64 Seiten, ca. 100 Farbbilder
ISBN 3-89860-125-0
bede-Nr. ZH 417

Mein Hamster zu Hause
64 Seiten, ca. 100 Farbbilder
ISBN 978-3-89860-161-0
bede-Nr. ZH 442

Meine Katze zu Hause
64 Seiten, ca. 100 Farbbilder
ISBN 3-89860-127-7
bede-Nr. ZH 419

Mein Meerschweinchen ...
64 Seiten, ca. 100 Farbbilder
ISBN 3-89860-119-6
bede-Nr. ZH 412

Meine Ratte zu Hause
64 Seiten, ca. 100 Farbbilder
ISBN 3-89860-124-2
bede-Nr. ZH 416

Mein Zwerghamster zu Hause
64 Seiten, ca. 100 Farbbilder
ISBN 978-3-89860-162-7
bede-Nr. ZH 443

Mein Zwergkaninchen ...
64 Seiten, ca. 100 Farbbilder
ISBN 3-89860-120-X
bede-Nr. ZH 413

Meine Maus zu Hause
64 Seiten, ca. 100 Farbbilder
ISBN 3-89860-050-5
bede-Nr. ZH 410

Hundeerziehung zu Hause
64 Seiten, ca. 100 Farbbilder
ISBN 3-89860-118-8
bede-Nr. ZH 411

Mein Golden Retriever ...
64 Seiten, ca. 100 Farbbilder
ISBN 3-89860-138-2
bede-Nr. ZH 428

Mein Labrador Retriever...
64 Seiten, ca. 100 Farbbilder
ISBN 3-89860-139-0
bede-Nr. ZH 429

Mein Leonberger zu Hause
64 Seiten, ca. 100 Farbbilder
ISBN 3-89860-137-4
bede-Nr. ZH 427

Mein Schäferhund zu Hause
64 Seiten, ca. 100 Farbbilder
ISBN 3-89860-140-4
bede-Nr. ZH 430

www.bede-online.de

Stöbern Sie nach weiteren Büchern!

bede-Verlag GmbH
Bühlfelderweg 12, 94239 Ruhmannsfelden • Telefon +49(0) 99 29/42 41, Telefax +49(0) 99 29/43 30 • E-Mail: info@bede-verlag.de